U0295865

“海洋梦”系列丛书

海立云垂

海洋工程与海港

“海洋梦”系列丛书编委会◎编

合肥工業大學出版社
HEFEI UNIVERSITY OF TECHNOLOGY PRESS

图书在版编目（CIP）数据

海立云垂：海洋工程与海港/“海洋梦”系列丛书编委会编．—合肥：合肥工业大学出版社，2015.9

ISBN 978－7－5650－2425－2

Ⅰ.①海…　Ⅱ.①海…　Ⅲ.①海洋工程—普及读物②海港—普及读物　Ⅳ.①P75－49②U658.91－49

中国版本图书馆CIP数据核字（2015）第209047号

海立云垂：海洋工程与海港

“海洋梦”系列丛书编委会　编　　　责任编辑　何恩情　张和平

出　版	合肥工业大学出版社	版　次	2015年9月第1版
地　址	合肥市屯溪路193号	印　次	2015年9月第1次印刷
邮　编	230009	开　本	710毫米×1000毫米　1/16
电　话	总　编　室：0551－62903038	印　张	12.75
	市场营销部：0551－62903198	字　数	200千字
网　址	www.hfutpress.com.cn	印　刷	三河市燕春印务有限公司
E-mail	hfutpress@163.com	发　行	全国新华书店

ISBN 978－7－5650－2425－2　　　　定价：25.80元

目　录

海立云垂——海洋工程与海港

第四章 叹为观止的港口与码头

第五章 平衡再生的海洋粮仓

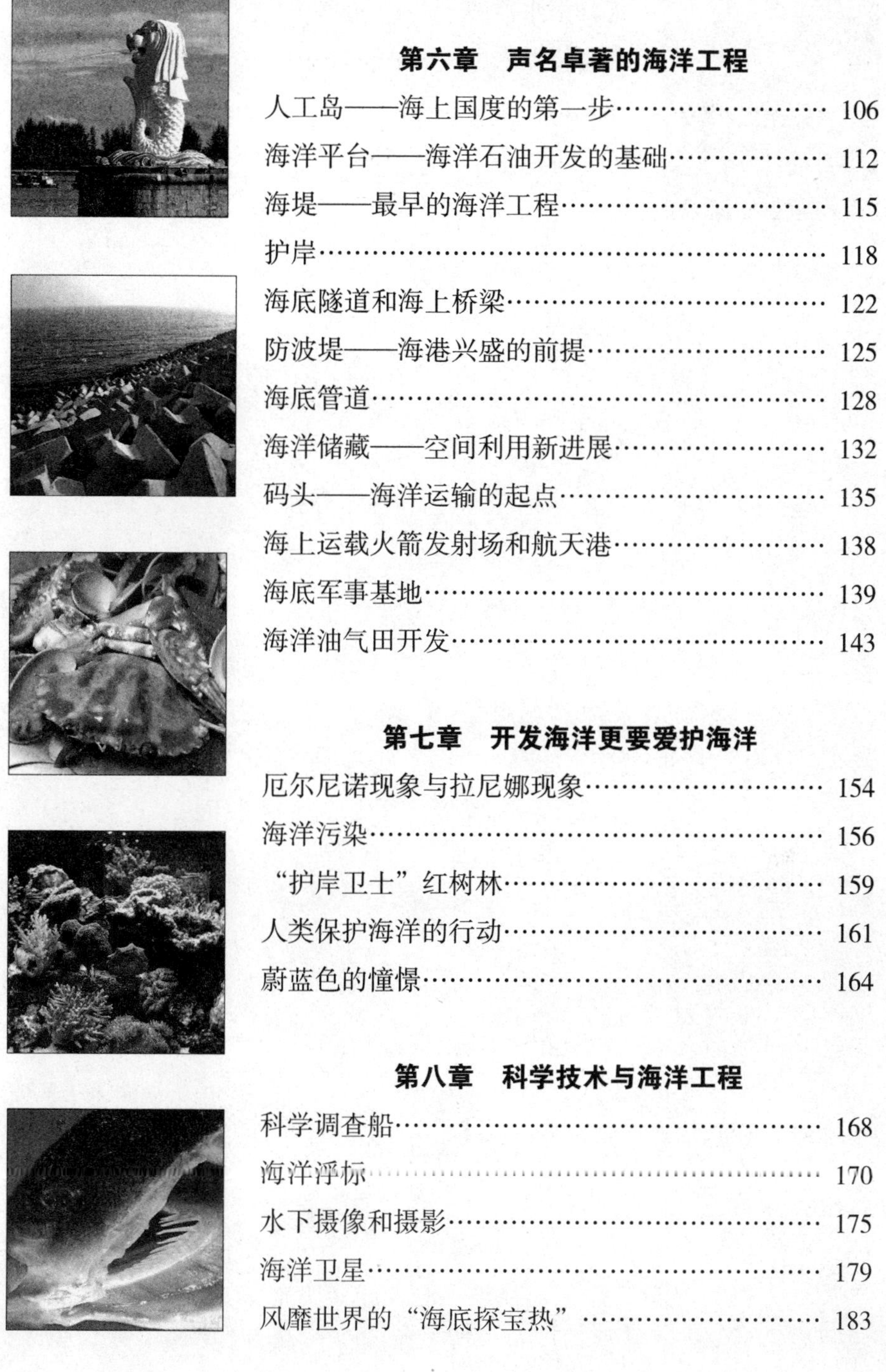

第六章 声名卓著的海洋工程

第七章 开发海洋更要爱护海洋

第八章 科学技术与海洋工程

第一章
海洋中的矿物能源开发

随着工业的发展，人类对矿产资源的需求量成倍增长，陆地地壳中的矿产资源、能源矿物逐渐减少，有的趋向枯竭，丰富的海底矿产资源将成为21世纪工业原料的重要供应基地。海底矿产资源十分丰富，从近岸海底到大洋深处；从海洋表层到海底岩石以下几千米深处，无不有矿物分布。辽阔的海面上翻滚着汹涌的波涛；有规律的潮汐活动犹如草原上的万马奔腾，势不可当；大洋中的洋流浩浩荡荡、奔流不息；海水中蕴藏的热能更是取之不尽、用之不竭。

海洋：人类的盐库

食盐是人类普遍食用的调味品，是人体不可缺少的物质。据科学家统计，一个健康成年人每天要从各种饮食中吸取 5 ~ 20 克的盐分。这些盐分能维持人体血液的渗透压，促进血液循环，保持新陈代谢的正常进行。

食盐也是基本的化学工业原料，制造肥皂、精炼石油、炼钢和炼铝，提炼纯碱、烧碱，生产盐酸及化学肥料氯化铵等都是以海盐为原料。可以说，在化学工业中，凡是用到钠和氯的产品，绝大多数都源于海盐。所以说，盐不仅是人类生活的必需品，而且是化学工业之母。

我国拥有漫长的海岸线，沿海有许多海滩，平坦、广阔，多晴朗干燥的天气，对发展海盐生产有着极其有利的条件，因此，海盐产量居世界首位，而且利用海水制盐已有几千年的历史。

煮海为盐和滩晒法是从海水中提炼盐的两大方法。

煮海为盐就是把海水取上岸来，放在铁锅等设备内，用火烧，待海水烧开后，蒸发出水汽，使海水浓缩成苦卤，再使苦卤继续蒸发，蒸发到最后，食盐就会变成一粒粒像冰糖一样的晶体,从海水中跑出来。

盐田

世界历史学家们公认，中国是最早从海水里提取食盐的国家。据文物考证，早在5000年前，我们的祖先已经用海水煮成食盐了。相传历史上有个夙沙氏，他是跟神农氏同时代的人，首先煮海为盐。

古代制盐

在我国，早在公元前4000多年前，炎帝时夙沙氏就教民众煮海水取盐。在仰韶文化时期（公元前5000～前3000年），福建沿海的人民制成了熬盐的工具。到了春秋战国，位于山东的齐国专设盐官煮盐，并把“渔盐之利”作为富国之本。汉代盐铁已成为“佐百姓之急，足军旅之资”。在明朝永乐年间，制盐技术又有了新的发展，开始废锅灶，建盐田，改煎、煮、熬盐为晒盐，并一直沿用至今。

从海水中制取盐的另一种方法是滩晒法。滩晒制盐的地方是盐田，一般建在海滩边，借用海滩逐渐升高的坡度，开出一片像扶梯似的一级一级池子，利用涨潮，或用风车或用泵抽取海水到池内。海水流过几个池子，随着风吹日晒，水分不断蒸发，海水中的盐浓度愈来愈高，最后让浓盐进入结晶池，继续蒸发直到析出食盐晶体。

在我国，滩晒法最早出现在元代，到了清朝康熙年间，大规模开辟华北长芦盐区，开始大面积滩晒食盐。其他国家海水制盐的方法基本上和我国相似。有趣的是，美国实现专利法时，第一个专利就是滩晒食盐的工艺，滩晒法经济有效，到现代还在广泛采用。

现在我国有40多万制盐工人，随着现代化的机械操作，加上科学管理，海盐生产逐年上升，每年可以生产海盐近2000万吨，占食盐总产量的80%，居世界第一位。

在制盐方法上，还有一种是冷冻法。在瑞典和苏联等国家，他们让海水天然冷却成冰，冰几乎由淡水组成，剩下来的是苦卤，就是浓盐水。让苦卤经过几次冰冻，得到的盐水越来越浓，最后，再用人工加热的方法得到食盐晶体。这种方法只能在冬天生产，其产量不高。

海底宝库：深海锰结核

锰结核是一种海底稀有金属矿源。它是1873年由英国海洋调查船首先在大西洋发现的。但是，世界上对锰结核正式有组织的调查，始

太平洋锰结核

于1958年。

调查表明，锰结核广泛分布于4000 ~ 5000米的深海底部。它们是未来可利用的最大的金属矿资源。

深海锰结核的发现，在人类的找矿活动中，可以说具有划时代的意义。在锰结核中，除了有铁和锰以外，还含有铜、钴、镍等30多种金属元素、稀土元素和放射性元素，尤其是锰、铜、钴、镍的含量很高，在目前技术条件下都具有工业意义。锰结核中稀有分散元素和放射性元素的含量也很高，如铍、铈、锗、铌、铀、镭和钍的浓度要比海水中的浓度高几千、几万乃至百万倍。这些元素是重要的战略物资，也是炼钢、化工、电子、通信、喷气式飞机和燃气轮机等现代工业的重要原料。在陆地上原材料日益短缺的情况下，开采深海锰结核无疑会给工农业生产注入新的血液。

锰结核一般产于沉积速率低的沉积物上。它的形成有三种主要的来源，即成岩的（来自腐败沉积物的孔隙水）、水成的（来自上覆海水）和热液的（来自洋底热源）。受热液影响的锰结核主要发现于板块边界附近，其铁的含量高，而镍、铜、钴的含量低。暴露于高海脊和海岭上，受水成的影响占优势的锰结核，则含铁和钴高，而含镍、铜和锰低，钴的含量可超过1%。受成岩作用影响的锰结核富含锰，并含有较高的镍和铜。

令人感兴趣的是，锰结核是一种自生矿物。它每年约以1000万吨的速率不断地增长着，是一种取之不尽的矿产。

世界上各大洋锰结核的总储藏量约为3万亿吨，其中包括锰4000亿吨，铜88亿吨，镍164亿吨，钴98亿吨，分别为陆地储藏量的几十倍至几千倍。以当今的消费水平计算，这些锰可供全世界用3.3万年，镍用2.53万年，钴用2.15万年，铜用980年。仅从每年新生长的锰结核中提取的铜，就可供全世界用3年，钴用4年，镍用1年。加上原有的，深海锰结核可说是一种永久性资源了。

目前，大洋锰结核勘探调查比较深入，技术比较成熟，预计到20世纪末，可以进入商业性开发阶段，

正式形成深海采矿业。锰结核在三大洋均有分布。太平洋中锰结核的平均富集程度为每平方千米 10 千克。太平洋海底表面的 75% 为锰结核所覆盖，是最有希望的开采区。

由于锰结核储藏大，金属品位高，而且世界上锰、铜、镍又供不应求，钴仅仅只能勉强维持供需平衡，因此，许多国家都对深海锰结核感兴趣。美、英、日、俄罗斯等国已成立了许多公司，从事勘探和试采工作。印度、法国、挪威、德国等国也在进行开采的准备。有的国家还建立了提炼工厂。

我国的远洋调查船于 1978 年对太平洋进行了科学考察。在水深 4000 多米的地方，取得了一定数量的锰结核。1983 年，“向阳红”16 号进行锰结核调查，并捞取了更多的锰结核。之后，我国进一步加快了锰结核的调查、勘探和试验开发工作。

世界各国对锰结核的争夺相当激烈。1982 年，联合国海洋法会议通过的《海洋法公约》规定：国际海底区域及其资源是人类的共同继承财产，并通过关于对锰结核勘探、开发活动投资的决议。这项决议规定：在 1983 年 1 月 1 日以前，投资达到 3000 万美元，其中有 10% 的投资是用来选取未来矿址海域的国家，在国际海底管理局筹委会成立以后，可登记为先驱投资者。发展中国家在 1985 年 1 月 1 日以前达到

我国的科学考察船

以上投资标准的，也可以申请为先驱投资者。美国、苏联、法国、日本、印度等11个国家被列入先驱投资者。当时，我国没有要求作为先驱投资者，但是我国已经声明，从1976年开始，我国已投资8000万人民币，调查了部分国际海域的海底，并有1600万人民币直接用于海底调查。所以，我国被认为是潜在的先驱投资者。凡取得先驱投资者资格的，可以在太平洋富矿区占有一块15万平方千米的矿址。1990年8月，我国已向联合国国际海底管理局筹委会正式提出申请，作为先驱投资国。我国的申请已被批准。这样，我国就可以得到一块开采海域，成为21世纪深海矿产开采的一个基地。

锰结核不像石油那样埋藏在海底深处，而是铺在海底表层，就像露天煤矿那样，所以开采起来比较容易。加上它的品位高，因而开采的成本比较低。据美国经济学家计算，一年开采300万吨锰结核的企业，可获利1.5亿～2亿美元，比陆地上开采的效益高3倍。

至于谈到大洋锰结核的具体开采技术，迄今还处于试验阶段，预计在21世纪可进入商业性实用阶段。

目前，锰结核开采系统的研制技术已基本成熟。锰结核的开采系统通常由集矿、输送和采矿船三部分组成。经过有关专家论证，认为比较经济适用的有三大类：

深海开采

1. 提升采矿系统

这一系统是目前世界各国试验研究的重点。它是根据美国科学家的设想于1978年研制成功的。因提升的方式不同，又可以分为水力提升和空气提升。

水力提升系统由海底集矿装置、高压水泵、浮筒和采矿管四个部件组成。采矿管挂在采矿船和浮筒下，起到输送锰结核的作用；浮筒安装在采矿管上部15%的地方，其中充以高压空气，以支撑水泵的作用；高压水泵装置在浮筒内，它的功率

为5884千瓦，通过高压使采矿管内产生每秒5米的高速上升水流，使锰结核和水一起由海底提升到采矿船内；集矿装置承担筛选、采集锰结核的作用。

空气提升系统由高压气泵、采矿管、集矿装置三部分组成。高压气泵不是安在水中，而是装在船上。采矿作业时，首先在船上开动高压气泵，气泵产生的高压空气通过输气管道向下，从采矿管的深、中、浅三部分输入，在采矿管中产生高速上升的固体、气体、液体三相混合流，将经过集矿装置的筛滤系统选择过的锰结核提升到采矿船内。空气提升系统的提升效率为30%～35%。为了使采矿管中水流的上升速度达到每秒3米，需要利用功率为4340千瓦的空气压缩机，每分钟吹进225立方米的空气。据有关资料报道，现在，空气提升系统已能在水深5000米处作业。

不久以前，法国研制成功了一种新颖的流体采矿系统，集矿装置由拖曳式改为自动驱动式，它在海底能自由运动。采到锰结核后，先进行初步处理，把锰结核粉碎成矿浆，然后通过水力泵把矿浆输送到一个叫缓冲器的装置内，最后把矿浆压送到水面。这一系统也可以在水深5000米处作业，最大生产能力为每小时500吨。

2. 链斗采矿系统

这是一种机械式采矿系统，也是第一代采矿系统。1967年由日本工程师发明。它的基本结构与常见的链斗挖泥船相似——在高强度的缆绳上，每隔25～50米安装一个采矿斗。然后把一串链斗安装在采矿船的绞车上。采矿时，链斗从船头上放下去，经海底再从船尾提升上来，形成一个循环式采掘过程。采矿船一边行驶一边采矿。每个斗每次大可采到1.5～2吨的锰结核矿石。

3. 采矿系统

这种采矿系统是根据机器人的原理研制而成的。它由很轻但强度很大的材料制成，在水下的重量为零。下水前，采矿船上装满压舱物（一般为锰结核冶炼后的矿渣），这一系统能自动驱动，在海底采集锰结核矿。采满后，卸掉压舱物，按程序上浮到一个半潜式水上平台中，把锰结核卸在平台上，尔后再装上压舱物，重新下潜到海底采集锰结核。目前，这种系统的采矿能力可达到每小时25吨。

在21世纪初，美国将大量使用高科技无缆自动潜水器来开采深海

锰结核。这种潜水器采用程序控制，与其他采矿机械相比，它的优点还在于：水下作业时间长，同时还可以进行矿产资源的现场分析评价，如用中子激活分析技术、原子吸收技术等，在海底运行过程中即可完成矿物成分的分析化验。

由于深海自动采矿具有不受波浪和气候的影响，以及不破坏环境的特点，因此是一项颇有发展前途的深海采矿新技术。

在介绍锰结核的开采技术以后，下一步便是如何进行加工冶炼的问题了。

在锰结核矿石中，以锰的氧化物和铁的氧化物为主要成分。它具有复杂的显微结构，而且由极细的颗粒组成。锰结核矿石的化学性质和物理性质因地而异，如来自大西洋的矿石富含钙，而北太平洋的矿石则含丰富的硅。因此，对于锰结核的选矿和冶炼技术，必须根据不同海域的矿石特征。采取不同的流程。

深海锰结核

锰结核的加工冶炼方法主要有以下五种：

（1）氯化氢法。用氯化氢浸析粉碎的锰结核，经高温熔融，氯化氢与粉碎的矿石在高温条件下，能分离所有矿石物质。除铁以外，大部分金属成为可熔性金属。包含惰性硅、硫酸盐及氧化物（主要是铁的氧化物）的固体残渣作为尾矿。氯气可作为副产品回收，而氯化氢可从浸析溶液和作为再循环浸析溶液回收。采用这种冶炼法可依次得到钴、铜、镍和锰。这种方法是商业提取高纯度锰的唯一流程。它的优点是：从矿石中提取金属可获得高回收率（最高可达95%），而且不会引起严重污染。

（2）二氧化硫煅烧和水浸析法。这种冶炼法的具体过程是这样的：将矿石在二氧化硫和空气条件下煅烧，形成可溶性硫酸盐，尔后在水中浸析。镍和钴可以由压热技术回收，钴的硫酸盐在转换成金属以前需要提纯。而遗留下来的锰的硫酸盐可以进一步处理获得铁锰。

这种方法的缺点是：硫酸盐系

统很难在一个密闭循环中作业；所使用的45%的硫不能回收，从而可能引起污染问题。

（3）氨液浸析法。此项技术是用氨液溶解矿石中的金属。这种溶液由氨液加铵盐（例如硫酸铵、氯化铵、亚硫酸铵等）组成。具体操作过程为：第一步是还原，尔后经过煅烧，不断提高温度和压力，于是便可以在还原或浸析过程中提高金属的回收率。经试验表明，采用这一流程可以回收85%或者更多的铜、镍、钴和钼。而锰和铁则残留在矿渣中。

（4）硫酸浸析法。这一冶炼法是将锰结核在硫酸中浸析，尔后提取各种金属元素。采用这种方法回收金属的数量，取决于作业条件。例如，在低温条件下（20℃～100℃），在回收的金属中，镍不超过80%，铜——90%，钴——45%；锰的溶解量不超过10%，它大部分保留在固体残渣中。而在比较高的温度条件下（200℃），可以回收铜和镍80%～90%，钴70%～80%；大部分的铁和锰遗留在残渣中。假如将二氧化硫或硫酸亚铁加入硫酸溶液，可以使铁、锰分解，各回收97%与72%。

由于这种方法需要消耗大量的酸，大约相当于被溶解金属的10倍，因此，此项技术不能满足商业提取的要求。

（5）熔炼法。这种方法的第一步是将含水30%的锰结核置于类似于水泥厂的炉中烘干，炉温必须高于1000℃。在严格的条件下作业，可以依次将铜、镍、钴和铁的氧化物转变成相应的金属，而锰则保留氧化物的形式。第二步，装入温度为1300℃～1400℃的熔炉中熔炼，形成由铜—镍—钴—铁合金组成的金属相，而锰和硅以及少量的铁形成炉渣。炉渣与金属相分别回收，并用不同的方式予以处理。

含锰的炉渣经加入石灰后，在封闭条件下还原熔炼，使之转化成铁锰而被回收。熔融的金属相由于注入空气而氧化，锰和部分铁可被排出，形成第二次矿渣。加硫以后，将铜、镍和钴转化成硫酸盐。在熔融金属中注入空气，硫酸盐部分转化成金属，而铁转化成容易分离的矿渣。在这一过程中，铁仍然不可能完全清除，必须采用其他的提纯步骤。假如为了提纯铜、钴和镍金属，需要采取水冶炼过程。然后再采用溶解提取技术分离铜、钴、镍。

经试验表明，这种加工冶炼方法可以回收90%的镍和铜，75%的钴，97%的锰，以及少量的钼。尽管以上几种加工冶炼方法目前还处于原型或中间试验阶段，但是，一旦生产条件具备，就有可能迅速地发展到商业性生产规模。

无穷无尽的海洋能源

海洋不仅美丽广阔，有丰富的海洋生物资源、海洋化学资源和海洋矿产资源等，而且还蕴藏了巨大的海洋能源。那么，什么是海洋能？

海洋能不是指海底储存的煤、石油、天然气等海底能源资源，也不是溶于海水中的铀、镁、锂、重水等化学能源资源，而是指海洋自身呈现的自然能源，如大家比较熟悉的海洋中那汹涌的波涛和永不停息的潮汐能。

21世纪的今天，以煤炭、石油、天然气等化学燃料为动力的工业文明飞速发展，人们在享受现代文明所创造的优越的物质生活的同时，能源和环境两大危机也不期而至，能源枯竭、环境污染已成为人类面临的严峻问题。

但是，人类不会坐等自己家园的毁灭，特别是在科学技术高度发达的今天，人类已经掌握了开发和使用新能源的技术，现在海洋能、太阳能、风能、地热能和氢能等5种新能源正在成为人类的重要能量来源。

海洋波浪

目前，尽管海洋能开发还存在着投资大、成本高、效益不佳等问题，但就发展趋势而言，海洋能将会成为21世纪的主要能源之一。这是因为海洋能可再生，作为新能源可以保证人类长期稳定的能源供应，而煤炭、石油天然气等常规能源是有限的，不可再生的。据调查统计，全世界已探明的可开采煤炭储量为15980亿吨，预计可再开采200年，石油储量3000亿吨，预计可再开采30～40年，天然气储量200亿～300亿立方米，预计可再开采60年。这些常规能源总有耗尽之时，而且随着人类社会的飞速发展，能源消耗激增，这个问题会越来越严峻。在能源消费方面，中国已超过俄、日、德等国成为仅次于美国的当今世界第二大能源消费国，而预计到2025年，中国就将成为世界上最大的能源消费国了。再过50年，人类消费的能源中海洋能就会排在重要的位置上。

要想使用海洋能，就必须对它有一个正确的认识。首先，它不仅储量丰富，而且都属于“再生性资源”。它产生于太阳辐射或天体间的万有引力，所以只要大海不枯竭，太阳、月球等天体与地球共存，海水的潮汐、波浪和海流等运动就会周而复始、永不停息，海水受太阳照射产生的温差能就会再生，而且它是取之不尽、用之不竭的。与一般燃料不同，海洋能源是洁净能源，它的开发不会产生废水、废气、废料，对环境不会造成任何污染。尽管它也有能源分布不均和能量要素不稳定等问题，但这些都并不是绝对不能克服的问题，与危及人类生存的能源枯竭相比，这算是小巫见大巫了。

海洋能与传统能源的区别

海洋能是人类取之不尽、用之不竭的新型能源，它与传统能源的区别在于：

1. 在海洋总水体中的蕴藏量巨大，而单位体积、单位面积、单位长度所拥有的能量较小。

2. 具有可再生性。

3. 有较稳定能源与不稳定能源之分。

4. 属于清洁能源。

海洋能主要包括海洋风能、温差能、潮汐能、波浪能、潮流能、海流能、盐差能等，可以说是非常巨大。科学家做过计算，就波浪能来说，大浪对1米长的海岸线所做的功，每年约有10万千瓦，海岸的冲击力，每平方米可达20～30吨，

海洋风能利用

最大的甚至能超过60吨，它可以把1700吨重的巨石搬走，把130吨重的岩石举起20米高。历史上曾发生过海洋巨大的波浪把重达8000吨的“阿瓦”号巨轮拦腰折断的事情。

据美国海洋学家威克和施米特的计算，世界海洋能的蕴藏总量高达760亿千瓦，仅海洋的波浪能就达700亿千瓦，技术上允许利用功率为64亿千瓦，发电量可达90万亿千瓦。海洋潮汐能蕴藏量约有27亿千瓦，若用来发电，年发电量可达23万亿度。可转换为电能的海水温差能有20亿千瓦，海流能约0.5亿千瓦，盐差能为26亿千瓦。

海洋能的利用目前还很昂贵，现在仅仅在严重缺乏能源的沿海地区（包括岛屿）把海洋能作为一种补充能源加以利用。这也许是目前海洋能利用还没有像传统的能源那样受到应有的重视的原因。以法国的朗斯潮汐电站为例，其单位千瓦装机投资按照1980年价格折合1500美元，远高出常规火电站。但我们不应仅看到这一点，因为在海洋能利用的过程中，还可获得其他综合效益。如潮汐电站的水库能兼顾水产养殖、交通运输；海洋热能转换装置获得的富含营养盐的深层海水，可用于发展渔业；开路循环

系统能淡化海水和提取含有用元素的卤水；大型波力发电装置可同时起到消波防浪，保护海港、海岸、海上建筑物和水产养殖场等的作用。所以，海洋能的开发利用一定具有非常光明的广阔前景。

我国拥有1.8万千米的大陆海岸线，管辖的海域面积近300万平方千米。在我国大陆沿岸和海岛附近蕴藏着较丰富的海洋能资源，至今尚未得到应有的开发。

科学家们统计得出，我国沿岸和海岛附近的潮汐能量也相当可观，可开发利用量约2200万千瓦，年发电量约625亿千瓦；可开发利用能量约1285万千瓦；潮流能可供利用的约1000万千瓦；温差能可利用的约1.5亿千瓦；而我国沿岸盐差能资源蕴藏量约为1.25亿千瓦。

更有现实意义的是，这些资源的90%以上是分布在常规能源严重缺乏的华东沪浙闽沿岸。在浙闽沿岸，距电力负荷中心不远就有不少具有较好自然环境条件和较大开发价值的大中型潮汐电站站址。

钱塘江海潮

未来的海洋生物发电

科学家曾做过这样一个实验：把酵母和葡萄糖的混合液放在装有半透膜壁的容器里，将这个容器浸在另一个较大的容器中，较大的容器中盛有纯葡萄糖溶液，其中有溶解的氧气。在两个容器中都插入铂电极，连接两个电极便得到了电流，这说明在微生物分解有机化合物的时候，就有电能随之释放出来。

根据这个原理制造出来的电池叫生物电池。生物电池比电化学电池有许多优点：生物电池工作时不

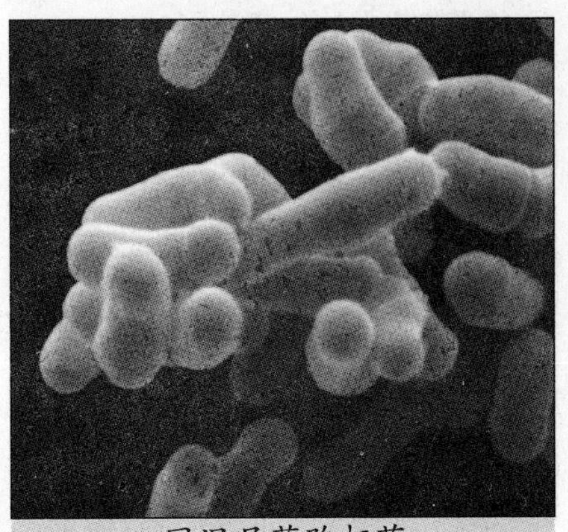
同温层芽孢杆菌

发热，不损坏电极，不但可以节约大量金属，而且寿命比电化学电池长得多。

目前，生物电池作为电源，已试用于信号灯、航标和无线电设备，其中有的虽然经过长期使用，效果仍然像刚开始那样。有一种用细菌、海水和有机质制造的生物电池，用做无线电发报机的电源，它的工作距离已达到10千米，用生物电池做动力的模型船也已在海上游弋。

从生物电池的工作原理，科学家们想到了海洋，一望无际的海洋就是一个巨大的天然生物电池。

海洋是生命的摇篮。在海洋的表层，阳光透入浅海，生长着许许多多的单细胞藻类：绿藻、褐藻、红藻，等等，它们从海水中吸取了二氧化碳和盐类，在阳光下进行着光合作用，形成有营养的碳水化合物，同时释放出氧，在海水中形成过多的带负电的氢氧离子。

海洋的底层是海洋动植物残骸的集聚地，也是河流从陆地带来丰富有机质的沉积场所。在黑暗缺氧的环境下，细菌分解着这些海底沉积物中的动植物残体和有机质，形成了多余的带正电的氢离子，于是海洋表层和底层的电位差产生了。实际上这是一个天然的巨大的生物电池。为此，科学家提出了在海洋上建立天然生物电站的设想，充分利用海洋表层水和海洋底层水的电位差产生电流。可以预料，随着科学技术的发展，未来人们将会在海洋上建起大型的天然生物电站，以便从海洋中取得大量电能。

国能生物发电公司

海水温差发电和海水盐差发电

1. 海洋温差

能源是海洋能源中潜在能最多的一种能源，开发利用它有着巨大的经济意义。海洋温差发电是利用海洋热能的一种发电方式。海洋中海水温度随着水深而变化。以海洋受太阳加热的表层海水（25℃～28℃）作为高温热源，而以500～1000米深处的海水（4℃～7℃）作为低温热源，由热机构成热力循环系统进行发电。在低纬度深水海域，如巴西、古巴、印尼、我国的台湾省和海南省等海

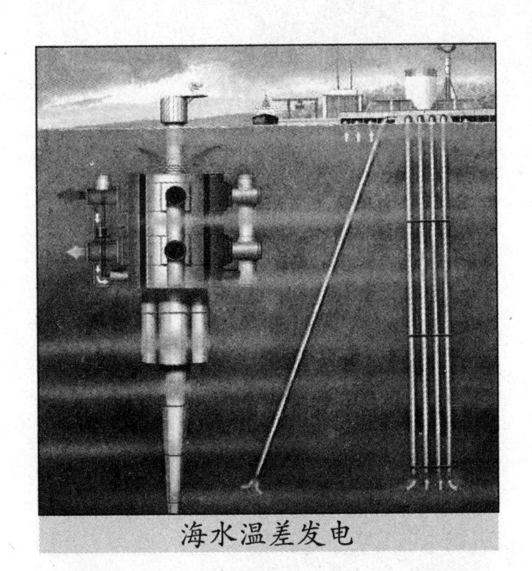
海水温差发电

域是利用海洋温差发电最有利的场所。

世界上研究海洋温差发电的国家主要是法国、日本和美国等，但法国后来就中断了。所研究的发电系统形式分为开式和闭式两种循环；研究的问题主要集中在工质（氨、丙烷和氟利昂）的选择，管道大小的选择和绝热，以及提高循环和汽轮发电机的效率等问题。目前，1千瓦左右的海洋温差发电装置已经制造成功。美国夏威夷已于1979年5月建成世界上第一座50千瓦海水温差发电试验电站。温差发电的主要问题是结构膨大，尤其是冷水管直径大又长，其受到的外力很难计算，建电站费用巨大，而且平台、锚系等方面的技术问题较多。

海水温差除了用于发电以外，还可以用来生产淡水养殖鱼类。选择站址时首先要考虑海水温差大的地方，其次是站址要靠近电力负载中心，再就是考虑站址附近有副产品市场，这样才能使电站得到最大的收益。另外，必须研究海水温差发电所造成的环境问题，那就是由于长期吸收海洋热量使海象起变化，因而引起海水环境的变化，这是一定要考虑的。

2. 海水盐差发电

盐差能是指使海水和淡水混合时释放出的化学势能。根据估计海水一年的全球蒸发量相当于水位降低1.3米，也就是在整个地球上的蒸发量为1.2×10^7立方米每秒，存在着可利用的盐差能约为2.6×10^9千瓦。目前有两种方法比较实用：渗透压方法和浓淡电池方法。盐差能有一个特点，就是不仅盐差能资源丰富，而且潜在势能高。

用半透膜把海水和淡水隔开，只允许淡水向海水渗透，形成盐差压高达24.8标准大气压，产生高达250米水柱的位能，这显示了盐差能是可利用的能源。但是要实际利用它时，在技术上还有一定的困难。因为其流量小，不容易得到很大的输出功率。

盐差能还可以利用浓淡电池的原理以化学方法转换为电能，在由

多孔质隔膜隔开的两室分别注入海水和淡水，并插入电极，就在两极间产生 0.1 伏的电压。这种方法由于淡水内阻大也不容易得到大的功率输出。为了获得大容量的能，必须采用大面积的膜，设备相应也要大，这样就提高了成本。

总之，要使得海洋盐差发电实用化，尚须研究的问题还很多。

尝试中的洋流发电

由于受稳定的盛行风的吹刮以及海水密度的不同等作用，海洋中形成了一股股流向、流速比较稳定，终年奔腾不息的海中之河——洋流。

洋流遍布世界各大洋。世界上最大的洋流有几百千米宽、上万千米长、几百米深，有的地段简直像一个海洋大瀑布。例如，有一股洋流自太平洋赤道出发，向北经菲律宾、我国台湾省，流向日本。这就是使我国沿海和日本等地冬季气候变暖的“黑潮暖流”。它宽约 180 千米，厚 400 千米，平均日流速 60 ~ 150 千米。其流量之大，相当于世界径流总量的 20 倍。使西欧变暖的墨西哥湾洋流也是世界上最大的洋流之一，平均流速为每秒 1.7 ~ 2.3 米。仅其中的一部分——佛罗里达海流就蕴藏着 2500 万 ~ 5000 万千瓦的能量。

洋流不仅流量大，而且流速稳定。利用它的冲击力，可以使水轮机的叶轮高速旋转，从而带动发电机发电。利用洋流来发电就叫作“洋流发电”。

自 20 世纪 80 年代中期开始，洋流发电已引起人们的重视。例如，有一种小型的花环式洋流发电站可供灯塔、灯船用电，也可为潜艇的蓄电池充电。目前，各种大规模利用洋流发电的方案正在酝酿设计之中。

诚然，利用洋流发电确非易事。谁都知道，河流可以修筑大坝建造水力发电站，而茫茫大海，连个着落的地方都没有，怎么利用洋流的能量来进行发电呢？

尽管困难很大，人们还是想出了办法。截至 20 世纪 90 年代初，在美国、英国、法国和日本取得了洋流发电装置的专利就有数百种之多。下面给大家介绍几种典型的发电装置。

1. 螺旋桨系留式

洋流虽然动能很大，但是，能量密度却较低。并且，设置在自由水流中的水轮机效率，即使在理论上，其最大值也只不过 59%左右，

而实际值比它还要低得多。所以，要利用洋流发电，就必须使用大直径的水轮机。

根据美国麻省理工学院对佛罗里达洋流的研究，设计了一种系留在半潜水支架上的立式四段六桨叶螺旋桨水轮机，它的输出效率为25%。为了在流速2.1米/秒时水轮机的输出功率达到2万千瓦，使用了4台直径为73米的螺旋桨。

日本也设计了一种犹如美国那样的螺旋桨式洋流发电装置。该装置的输出功率为27.5%，水轮机最后设计直径为53米，当流速为1.5米/秒时，水轮机功率为2500千瓦。由于是将此种水轮机两台并列设计，所以，发电机总输出功率达到5000千瓦。

2. 螺旋桨固定式

这种型式是由法国电力公司率先推出的，它类似于三叶片风力发电装置。这种装置的水轮机直径为10.5米，在流速为3米/秒的水流中，每分钟转27圈，发电机输出功率达到500千瓦。

洋流发电

3. 半潜水型测流磁性传感转轮式

为了使该装置在流速为2.1米/秒的水流中达到输出功率为14050千瓦的设计要求，科学家们制成了一种转轴垂直的水轮机，它包括10个测流磁性传感器。上流机的流道配有罩子，上流机布置在与中心线成45°的位置上。试验表明，当每个转轮的效率提高时，也能使所有的转轮在水流方向上保持较大的稳定性。

4. 潜水型测流磁性传感转轮式

这是一种使流体增速的发电方式，用于流速较慢的水流。动力水轮机与发电水轮机分开安装，利用大型动力水轮机驱动泵加压海水，将高水位的水流引入发电水轮机中进行发电。在流速为2米/秒的水流中，为了使发电机的输出功率达到4500千瓦，科学家们将发电机设计成两台测流磁性传感型三翼叶片转轮水轮机。该装置长为80米，直径40米。将两台水轮机布置在同一轴的左右两侧上。作为动力水轮机的一台管形透平水轮机布置在同一

中心线上，同时还附设有稳定翼，构成水中风筝形。这种潜水系留方式的优点是，不受洋面风暴的影响，可以稳定发电。

5. 降落伞集流发电装置

这一装置是由美国的默尔顿教授发明的。它主要是利用降落伞原理，整套设备由许多条高强度绳索拉紧固定。洋流进入集流装置后，冲向水轮机。洋流的动能转换成水轮机的转动力矩后做功，水轮机获得洋流的能量后，通过增速装置带动密封装置内的发电机转动而发电。尔后由海底电缆将电力输送到陆地上。

洋流经水轮发电机做功以后由扩散管排出。整套设备由浮筒悬浮在海中，由锚系固定。设在陆地上的控制中心可以遥控控制装置。当控制装置拉紧或放松流量调节装置时，能调节水轮发电机组的输出功率。

简易洋流发电器

占有该项发明专利权的美国水利工程公司，为开发佛罗里达洋流资源，专家们设计了这一集流发电装置。该装置的进口直径为120米，水轮机转轮直径为50米。整套装置悬浮在离海面30米以下，既不妨碍船只航行，也不受风暴影响。

6. 电磁式

这种方式与前面所介绍的几种洋流发电方式不同，是在磁场内利用与磁场方向成直角流过的洋流来获得电流，所以是一种利用洋流能直接变换成电流的方式。电磁式发电方式的特征之一是运转部分完全没有机械装置。这种方式的基本原理虽然与磁流体发电原理大致相同，但是，以高温等离子气体为工作介质的磁流体发电与以海水为工作介质的电磁式发电系统的最大不同点在于：前者利用高温燃烧化石燃料，产生高温等离子气体的高速流进行发电的；而后者是利用洋流中的离子和动能进行发电的。

电磁式发电系统的主要结构包括发电装置、超导电磁铁和冷冻机三部分。

随着科学技术的发展，理想将变成现实。洋流的动力宝库一定会向人类敞开大门，为人类做出应有的贡献。

第二章
海洋工程与海洋开发

在各种资源供求矛盾越来越突出、环境日趋恶化的形势下，开发和保护海洋已成为人口、资源、经济、社会和环境可持续发展的根本出路。开发利用海洋资源要以海洋工程为依托。海洋工程是在海洋环境条件下开发利用海洋资源过程中所进行的一切建设工程的总称。

海洋工程的定义

海洋工程是指人类抗御海洋的灾害作用、开发利用海洋资源，以及保护和恢复海洋环境的过程中所进行的一切建设工程的总称。因此，依据保护海洋、抗御海洋的灾害作用，以及开发利用海洋资源的种类和方式，形成了种类繁多的海洋工程。例如，海洋水产工程（渔业捕捞及水产养殖等），海洋矿产开采工程（油气、砂矿、锰结核、煤等），海上交通运输工程（海港、航运等），护岸工程，海洋空间利用工程（人工岛、海上港、海上城市、垃圾场等），海水利用工程（海水淡化、冷却水等），海水能发电工程（海浪、海潮与海流发电、温差与盐差发电等），滨海旅游工程，海洋通信工程，海洋环境保护工程，海上救捞及深潜工程等，广义上讲都称为海洋工程。目前，人们习惯把海洋工程，以水深和空间区位，划分为海岸工程和离岸工程。海岸工程直接关系到沿海的资源的开发和减灾防灾，以及国民经济的海上交通命脉（港口和海上交通事业）；离岸工程则主要针对海洋油气、矿产及海域空间资源开发。海洋工程对充实人们的食物、能源和矿产资源的补充，以及推动国民经济发展与环境改善等方面，都有不可替代的重要作用。面对21世纪——海洋世纪，海洋工程的两个组成部分，无一不是新世纪的主要内涵之一。我国是一个海洋大国，新中国成立以来，海洋工程发展有了长足的进步，现正积极开展开发海洋的伟大实践，为把我国尽快建成现代化海洋强国而奋斗。

海油工作船

海洋工程的特征

为海洋资源开发利用而进行的海洋工程建设，同陆地资源开发利用而进行的工程建设的不同之处，是海洋工程建设在流动的含有 80 多种化学元素的海水中；而且海水有日复一日的潮涨潮落，并时有高达数米的波浪和风暴潮出现，海水具有的腐蚀作用等对工程构筑物产生损害，北方海域还有海冰。因此，海洋工程建设，其工程本身除应具有完成开发利用海洋资源的功能外，还必须在一定的寿命期限内，在不同水深和地质条件下，具有安全可靠的抵御海水所特有的各种侵害的能力。这就是海洋开发工程的主要特征。海洋工程建设，工程构筑物的设计和建造，是在海洋环境中进行的。这些工程构筑物所受到的海洋环境荷载，主要来自风、浪、流、水位、冰、地震等。所以，进行每项海洋工程建设，首先要尽可能清楚地了解其所在海域的海洋工程环境条件（风、浪、流、水位、冰、地质、地震等），然后依据海洋工程环境条件，实现既安全又经济的海洋工程的设计和建造。所谓安全，要求工程具有足够大的安全性，使其在恶劣的海况下不遭破坏。但安全性过大，导致工程投资过高，则不经济。因此，在海洋工程设计、建造和使用过程中，实现工程的安全性和经济性的优化组合，是海洋工程建设所追求的目标。目前实现

海上风暴

这一目标的方法是，一方面不断促进海洋工程的设计与建造的技术革新与进步；另一方面将工程按其功能性质和使用年限长短，分别划分成不同等级，再按不同等级使用不同重现期的海洋工程环境条件，作为工程环境设计参数对工程进行设计。近年来还推广使用安全概率设计及安全可靠度设计方法，按工程的重要性，把工程设计控制在预定的失效概率水平，进一步优化这一目标的实现。

海洋工程环境条件是随机变化的，特别是对海洋工程构成安全威胁的灾害性海洋环境条件，还具有突发性特点，如地震、风暴潮、巨浪、重冰等，如果对它们防备不善，将导致海洋工程发生灾难性事故，造成人员伤亡和巨大的经济损失。

荷兰福克角防潮闸

据统计，1955年以来，狂风巨浪在全球翻沉石油平台40余座，翻沉数十万艘船舶，冲垮了数万千米堤坝。这些海难事故，一方面促进了海洋工程的设计与建造技术的进步；另一方面也提出了海洋工程的减灾防灾课题。通过研究制定和采取有效的减灾防灾对策和措施，以求防止或减少重大海洋工程事故的发生。

世界上最大的防潮闸

河口区是各个国家的重要通道，为了避免风暴潮的危害，不少国家相继建设了众多的防潮闸。荷兰福克角新水道口地势低洼，河道纵横，上游水量丰盛，在汛期受风暴潮灾害严重。从20世纪80年代开始，荷兰政府投资14亿荷兰盾，约合9亿美元，于1997年建设了这样一座开关式移动性的防潮闸。

另外，海洋开发是多部门的协同事业，每一类海洋资源开发都可形成一个产业群，各种产业之间相互制约、相互影响。各种海洋开发活动受海洋环境和生态系统制约，同时也对海洋环境和生态系统产生影响。海洋开发成本高，如石油钻探费用是陆地上的5倍。海洋是新

兴的开发领域，海洋开发风险大，探索性强，开发区域由近到远，由浅水到深海，发现可供开发的资源越来越多，处在不断探索和开拓新领域的过程中。海洋开发国际性强，一个国家的海洋疆界和管辖权是明确的，但是海洋资源（如洄游鱼类）、海洋污染、海洋灾害性天气都是没有国界的，海洋科学研究活动、国际水域的管理等都必须依靠国际合作才会有好的结果。

海洋资源种类繁多，进行开发难度大、技术要求高、探索性强，是不断扩大的开拓领域。因此，实现海洋资源开发利用的海洋工程，是内容极其广泛的跨学科的理论和技术课题。它综合应用了海洋气象学，海洋水文学，海洋地质学，海洋化学，建筑工程，船舶工程，工程材料，海洋资源（生物、矿产、海水能、空间等）开发工艺，以及土—水体—结构的相互作用力学等多方面的理论知识和技术。因此，以开发利用海洋资源而进行的海洋工程建设，得益于这些相关学科的已有研究成果；同时也推动这些学科为解决海洋环境中的海洋工程问题而发展。

海洋气象

海洋工程的意义

世界海洋面积为 3.6×10^{8} 平方千米，占地球总面积（5.1×10^{8} 平方千米）的 70.8%。人类的起源、发展和未来生存，都与海洋息息相关。目前，世界人口过猛的增长，有限的陆地资源进一步减少且有的甚至近于枯竭，人类活动导致环境日益恶化，已形成威胁未来人类生存和发展的三大危机。恰恰是海洋为人类发展储藏着丰富的生物、矿物和水资源，提供广阔的拓展空间，并为环境的改善提供了巨大的清理作用。

据计算，世界海洋中，海水总量为 1.37×10^{9} 立方千米，其中含淡水 1.36×10^{18} 立方千米，溶解了 80 多种总量为 5×10^{16} 吨的化学元素。海洋中生物种类达 10

江浙海塘

多万种，可维持鱼、虾类年捕获量（1.5 ~ 2.4）$\times 10^8$ 吨。海底石油已发现的资源量达 3×10^{11} 吨，深海洋底的多金属结核储量达 3×10^{12} 吨。海洋中的潮汐、波浪、海流、温差、盐差可提供再生能源达 3×10^9 千瓦。而且广大的海洋还吸纳着人类活动排放的绝大部分污染物（仅排放的二氧化碳等温室气体海洋的吸收能力就是大气的50倍）。这一切表明，海洋是人类赖以生存和发展的物质和空间的重要资源。

目前世界人口猛长，每年增加9300万人，据估计50年后将从现在的50亿增加到80亿，其增长速度远比资源、粮食、能源增长为快，其结果必然导致食物短缺，资源枯竭，人均占有陆地面积减少，能源供应紧张，使人类赖以生存的各种资源的供求矛盾更加突出。为了摆脱地球人口的过猛增长与陆地资源锐减的各种困境，不少科学家正寻找出路，包括向太空求生路。显然，进一步合理开发利用丰富的海洋资源，满足人类可持续发展的需要，是目前最直接、最现实的出路。

我国是一个海洋大国，其海岸线长达1.8万千米，拥有 3×10^6 平方千米海洋国土。这一面积相当于20个山东省或84个台湾省的面积。这为我国的发展提供了广阔的拓展空间。我国今天的人口总数等于全欧洲30多个国家加上美国和日本之和，而且每年增加人口1400万 ~ 1700万。但是，我国的耕地资源严重不足，人均耕地1.48亩，是世界人均的1/3。据估计，现有耕地具有承载12.5亿人口的能力，现在我国总人口已达13亿。从矿产资源看，我国人均拥有矿产量居世界第80位，人均占有的矿产量不足世界平均水平的1/2。而海洋拥有极为丰富的资源有待开发利用。因此，我国未来的拓展空间在海洋，保证我国人民生存发展所需的众多资源在海洋。我国应重视海洋工程的发展，进一步合理地开发利用海洋资源发展壮大自己；同时通过海洋资源的开发利用，不断推动我国海洋工程领域的发展和进步。

世界海洋工程建设
开始于什么时候

海洋工程的开发建设已经有了几千年的历史，早在公元前1000年，腓尼基人就在地中海沿岸建立了海上船舶碇泊区，并砌石堤加以防护。公元前306～公元前200年，中国就在竭石（今秦皇岛以南）、转附（今芝罘岛）、琅田（今青岛以南）等地兴建了海港，自东汉（公元25～220年）以来还相继兴建了规模宏大的钱塘江海塘、苏北海堰、浙东海塘、闽粤海堤等，唐代（公元618～907年）建成的海塘、海堤长达数千千米，成为世界上最古老、最长的海岸防护工程。

向海洋深处进军

多少年来，由于生产和科学不发达，人们对海洋的认识是非常肤浅的。古人感叹海洋的辽阔，曹操有诗形容说："日月之行，若出其中；星汉灿烂，若出其里。"人们惊惧大海的力量，把大海形容为"汹涌澎湃"，"石破天惊"。人们不知道海底是个什么样子，幻想遨游"海底二万里"。在很长一段时间里，人们对海洋海底的利用，充其量也不过是在大海的表面和浅水区域：驾舟驶帆，舟楫交通；捕鱼捞虾，海味佐餐；养贝采珠，入药美饰。

近几十年来，随着海洋科学技术的发展，人们才开始真正认识这蓝色的水晶宫，发现水晶宫里有万千宝。它向人类提供了丰富的生物资源、矿产资源、水利资源和能源。它是人类开辟的科学研究的新天地。

海洋是自然资源的宝库。到目前为止，已经发现海水中有80多种元素。除了人们所熟知的钾、钠、氯、碘等元素外，还有许多陆地上储量很少的稀有金属。这些金属在海水中的总储量有多少呢？说起来真令人吃惊。例如，约有164亿吨镍，58亿吨钴，50亿吨锰，41亿吨铜，5亿吨银，600万吨金，特别是铀的储量比陆地上多4000倍，高达40

水晶宫

亿吨。

海洋是个能源宝库。被人们称为“工业血液”的石油，约有1000亿吨储藏在海底，占地球石油总储量的1/3。目前，有二三十个国家已经从海底开采出石油和天然气。海底钻探的石油井达1万多口，其中最远的距离海岸110千米，钻探井的深度为550米。

海洋还蕴藏着巨大的水利资源。人们可以淡化海水供饮用和灌溉沿海农田；还可以利用潮汐和海流的流动冲击力，以及海水上层与下层的温差和压差来发电。例如，当海水流速为2米/秒时，每平方米的水面积中每年就能得到两万度左右的电力。这些电，可供一个100瓦的电灯泡连续照明23年。海洋中的能源，真是取之不尽，用之不竭。

对人类来说，海洋还是一个巨大的食品仓库。海洋中每年仅鱼虾

潮汐电站

海参

贝类等水生物就有20亿~30亿吨。但是目前人类每年从海洋中获取的水产品总量还不到1亿吨。这些水产品相当于3亿头牛，或10亿头猪，或50亿只羊的产肉量。据估计，随着今后海洋捕捞业、海洋养殖业和海下农业的发展，海洋能供给人类的食物总量，将远远超过陆地农业耕地总面积收获量的1000倍以上。随着世界人口的增加，陆地上现有的食物资源，将远远不能满足这么多人口的需要。这就必然迫使人们把眼光投向美丽富饶的海洋，使其成为人类未来食物稳定而重要的来源。到那时候，海产品就不再是少而贵的海味，而可以说是丰盛价廉的“海粮”了。

海洋给人类开辟了科学研究的新天地。最近科学家们在海下发现了一个有趣的物理现象：在澳洲南部海中投下的深水炸弹，爆炸产生的声波顺着水下1000米的深度传播，绕过好望角，又折向赤道，经

过 3 小时 43 分钟以后，竟被北美洲百慕大群岛的水下测听站收听到。爆炸的声波传导全程共19200千米，在海洋中绕地球半圈，而声波无显著的减弱。科学家们把这种特殊的水层称为“声道”。这种奇妙的发现，仅仅是人类向海洋科学进军途中无数发现中的一个现象。目前，海洋科学技术的研究已经扩展到海洋物理学、海洋化学、海洋地质学、海洋水文学、海洋流体力学、海洋生物学、海洋医学、海洋考古学、海洋工程学等众多的领域。20 世纪 70 年代，人类进入了开发海洋的新时期，海洋科学技术与原子能和宇宙探索是当代世界上并驾齐驱的三大科学技术。海洋科学的丰硕研究成果，将是一笔多么巨大的宝贵财富啊！

海洋开发的特点

海洋以其资源丰富、种类繁多，被人们誉为“蓝色的宝库”。它在解决人类面临的人口、资源、环境三大问题方面将发挥越来越大的作用。因此，海洋开发利用已为全世界所重视，成为世界高新技术的重要内容之一。世界各国特别是发达国家都从战略高度重视海洋，加强海洋研究与开发。据专家预测，海洋开发将是未来世界上四大骨干产业之一，21 世纪将成为“海洋开发利用新世纪”。

海洋开发是指人类采用各种技术和方法把蕴藏在海洋中的矿产资源、生物资源、再生能源和空间资源开发出来，用于社会发展的整个行为，以及把海洋的潜在价值转化为实际价值和社会效益的各项活动。海洋开发活动繁多，根据它的发展进程可分为传统的海洋开发、新兴的海洋开发和未来的海洋开发；按所开发资源的属性，可分海底矿产资源开发、海洋能利用、海洋生物资源开发、海洋化学资源开发和海洋空间利用等方面；按其开发的区域地理位置，有海岸开发、近海（大陆架）开发和深海开发三大类。目前，世界上已有 140 多个国家和地区从事海洋开发活动。由于海洋是一个独特的自然地理单元，决定了海洋开发具有与陆地资源开发所不同的特点。

1. 海洋环境严酷、开发难度大、技术要求高

海洋是一个庞大、连续的水体，海洋中的海流、海浪、潮汐运动不息，使海洋永远处于动荡不定的状态。同时，海上还经常有风暴、高纬度海区终年结冰，有冰山游动，

风险很大。随着水深的增加，压强就会增大，所以没有特殊抗压技术设备是很难进入深海作业的。而且，随着水深的增加，海中光照越来越暗、温度越来越低、海水含氧越来越少，在海面200米以下即是漆黑一团。此外，海水的腐蚀性很强，通常的材料不能适应海中作业要求。海洋中这种高压、低温、黑暗、缺氧和高腐蚀性的恶劣环境，对海洋开发技术提出了严重挑战。因此，现代海洋开发技术不能简单搬用陆地的现有技术，而要从材料、原理、方法和设计制造工艺上重新创造，建立海洋开发特有的海岸工程技术体系。例如，现在海上油气开发中已经建立了从勘探、钻探、采油、输油、水下作业、救捞、环境服务等一整套新的工程技术体系，形成了海洋高技术群。目前，还有许多的海洋资源未能实现商业性开发，如深海矿产资源、海水化学资源的提取、海洋热能利用等，其主要原因就是开发技术难度大，至今尚未取得突破。

终年不化的海冰

海洋油气工业

石油素有“工业的血液”之称，海洋油气工业具有技术密集、学科综合性强的特点，是一项融天空、陆地、海洋领域以及众多学科先进技术于一体的现代化支柱产业。可以毫不夸张地说，一个国家海洋油气的发展程度，标志着这个国家海洋开发的潜在实力和技术水平。海洋油气开发利用水平提高了，可以带动其他领域及相关产业的进一步发展。

2. 海洋开发投资多、风险大

海洋开发投资取决于水深和海洋环境。以海上石油开发为例，据国外资料报道，建设一座小型的海上油田需用5亿~10亿美元，中型的海上油田投资达25亿美元，大型海上油田投资高达50亿美元，一般比陆地上的石油开发投资高出

3～5倍。同时，海上勘探成功率比较低，风险性也比陆地上大。例如，在开发北海油田的过程中，英国从1954～1969年间，进行了3轮招标，花巨额资金进行海上钻探，钻井178口，只发现5座中小型油气田，钻井成功率仅为9%，使一些石油公司的经济效益受挫，失去开发海上石油的信心，不愿继续勘探。只有BP石油公司坚持继续勘探，终于发现可采储量达2.7×10^{8}吨的福蒂斯油田。既然在海上开采石油比在陆地上投资多、风险大，为什么还要开发海底石油呢？这是因为，每年石油的消耗量比其自然增长量大300万倍，这样一来，被看作是非再生资源的石油资源，用一点少一点。据国外探明的可采石油储量极限达3×10^{11}吨，其中海洋石油1.35×10^{11}吨，占世界石油可采储量的45%。迄今，全世界已开采石油6.4×10^{10}吨，其绝大部分是在陆上开采的，并呈现出石油枯竭的趋势。陆地上许多油田已进入开发的盛期，甚至后期，一些新油田增加的产量还不能弥补老油田递减的产量。因此，加强石油的普查勘探，特别是海上石油的勘探开发，确确实实是寻找新的更大的油田最重要的战略措施。据统计，20世纪70年代，世界上新发现的主要油田中，海上

海洋平台

油田占77%。另一方面，海上石油的开发还给许多国家带来了经济繁荣。例如，挪威、英国、美国、沙特阿拉伯等国的海洋石油开发，极大地促进了这些国家经济的发展。因此，尽管海上油田开发比陆上投资多、风险大，但世界对能源的需求，以及油气开发的巨大经济和社会效益的吸引力，继续推动着各国对海洋石油的勘探与开发。

3. 海洋开发综合性强

由于海洋是一个立体空间，资源具有复合性特点，所以同一个海域往往可以同时进行海洋生物、矿产、海盐、航运、海洋能等资源的开发。例如，在某特定海域，海面是海运通道，海中可以捕鱼，而海底可能有石油天然气资源，这样海

洋开发就形成一种立体的、综合的开发格局，资源的利用率高。但它们之间也会存在着一定的相互制约、相互影响的关系。另一方面，海洋开发还要合理利用海洋资源，要注意保护海洋环境，避免污染和破坏海洋生态平衡。尤其是在海洋开发密度大、开发程度高的海区，各种资源开发之间，开发和保护之间的矛盾和冲突更为明显。因此，海洋开发是一项综合性很强的系统工程，需要强有力的协调管理，以求获得最佳的经济、环境和社会效益的统一。

海上主权的保障

4. 海洋开发具有广泛的国际性

对沿海国家来说，领海及专属经济区的边界是有明确范围的，然而在有些方面却不受这些边界的限制。例如，洄游性鱼类、海上污染物的流动，以及国际海底矿产资源等，都是跨国界或共享的。因此，一些具有国际性或涉及国家之间权益和国际关系问题的海洋开发活动，需要国际之间的协调和合作。例如，在200海里经济区重叠的海域或公海渔场生产，涉及各有关国家的利益，有关国家必须协商解决资源分配和保护问题。此外，相邻国家还有共同维护海洋环境的责任。

第三章 海上娱乐与海洋风光

科学技术的飞速发展，将旅行的空间从海滨和岛屿拓展到了大海之上。奢侈游艇、豪华邮轮让人们远离大陆，真正与大海亲密接触，度过一段难忘的海上时光！绚丽多姿的海底世界，神秘美丽的海上岛屿，新兴的海上公园，梦幻的海洋风光，无不让人流连忘返。

奢华独享——游艇旅游

游艇，英文名“yacht”，被称为“水上轿车”，属于水上娱乐的奢侈品，与高级跑车、私人飞机一起成为显示身份的象征。而加入游艇俱乐部，成为其会员，则显得格外尊贵。

现代社会的游艇俱乐部，已经从过去简单提供船只补给服务的小船坞发展到集餐饮、娱乐、住宿、商务、驾驶训练等多功能于一体的旅游休闲场所。人们可以租赁或者购买私人游艇，远离久居的大陆，驶向大海或附近岛屿，享受驾驶、垂钓的乐趣，还可以自制丰盛海鲜佳肴。

目前美国拥有世界上最多的游艇，也是世界上游艇俱乐部最发达的国家，至今仍保持着世界游艇市场的霸主地位。我国的香港特区游艇俱乐部发展比较完善，拥有数十个条件优越的游艇码头。香港皇家

豪华游艇

游艇俱乐部是香港历史最悠久的游艇俱乐部，位于香港仔避风塘的深湾游艇俱乐部则是香港最奢华的游艇会俱乐部。

底特律游艇俱乐部

底特律游艇俱乐部历史悠久，始建于1868年，是美国最有名的游艇俱乐部。俱乐部初期主要举办一些赛艇活动，后期因其高级豪华的设施而吸引了众多社会知名人士加入。如今很多美国人都以成为其会员为荣。俱乐部目前拥有384个泊位，建有网球场、室内泳池和室外泳池等娱乐设施，可供游客进行游艇约会、水上篮球、滑水、钓鱼会及枪会、航海家庭聚会等娱乐活动。

“丽娃”游艇被誉为游艇中的劳斯莱斯。拥有100多年历史的“丽娃”是世界游艇界中最古老、最传奇、最昂贵的品牌之一。“丽娃”的船型均为限量收藏级，堪称意大利传统手工艺和现代高端科技的完美结晶。100多年来，它始终是全球贵族、富豪及众多影星的宠儿。拥有“丽娃”游艇的名人有约旦国王侯赛因，意大利王储，西班牙国王，摩纳哥王子，好莱坞影星伊丽莎白·泰勒、索菲亚·罗兰、尼古拉斯·凯奇、乔治·克鲁尼、布莱德·皮特，中国富豪李嘉诚等。

我国的著名游艇俱乐部

深湾游艇俱乐部成立于1984年。位于香港仔避风塘内，临近海洋公园，被公认为香港选址最佳，能提供全面、优质的海事服务的会所。会员和非会员均可享用各种海事设施，是绝佳的享受生活、乐聚天伦的私人天地。会所设有6间特色餐厅和10个宴会厅，其奢华程度居亚洲同类会所之首。青岛银海国际游艇俱乐部于2003年3月由银海集团投资3亿元开始建设，2005年开始使用，是2008年奥帆赛配套工程。俱乐部拥有366个国际标准游艇泊位和干船坞、修船坞、帆船训练基地、帆船下水坡道、高级公寓、星级酒店、会展中心、游艇驾校、健康休闲会馆、俱乐部会所等功能齐全的配套设施。

“公主”游艇有着永恒的尊贵典雅身姿。“公主”游艇的创始人DavidKing于1963年创建了公主国际游艇公司，总部位于英国西海岸城市普利茅斯。目前“公主”是世

界游艇市场的顶级品牌。游艇线条优美典雅，室内装潢豪华舒适，给人以最大程度的美感享受。它承袭了英国皇家贵族气质。经典的设计、精良的工艺、出色的性能、可靠的品质、豪华的装饰、舒适的布局，成就了它极高的知名度。

沙特阿拉伯国王法赫德拥有一艘超级豪华游艇——“阿卜杜勒·阿齐兹”号。该艇由丹麦建造，耗资1亿美元。“阿卜杜勒·阿齐兹”号是当今世界上最大也是最豪华的游艇。它长147米，艇上可住60名游客，每个房间均装有专用的大理石浴室并配有金制附属设备。游艇上还建有两个游泳池和一个舞厅、一个体育馆、一个电影室及一座设备齐全的医院。为防间谍或恐怖分子，所有建造详情都是保密的。“阿卜杜勒·阿齐兹”号同时也是世界上独一无二的“武装”游艇，艇上带有4枚美制“毒刺式”导弹。万一在海上遇到空袭，导弹可用来对付敌机。

游艇内饰

海上翡翠——台湾岛

在祖国浩瀚的海面上，分布着许多大小不等，形态各异的岛。其中面积最大、人口最多的就是祖国的宝岛台湾。

台湾以台湾岛为中心，包括周围的兰屿、绿岛、琉球岛、龟山岛、彭佳屿、棉花屿、钓鱼岛、赤尾屿等20几个属岛和澎湖群岛60几个岛屿以及其他一些岛屿，总共100多个。

台湾和祖国大陆山水相连，历史相连，在台湾岛上到处都有我们祖先的足迹，遍地有中华儿女洒下的血汗。祖国的宝岛台湾自古以来就是华夏的土地，那儿居住着我们日夜思念的亲人。许多民间传说和故事，都表达着海峡两岸人民的思念情怀。

台湾本来是“华夏古陆”的一部分，台湾山脉是“华夏古陆”东侧的“界缘山脉”。大约1.8万年前，大陆冰川因全球气候转暖而融化，海平面上升，于是台湾山脉与福建

山脉间的低平谷地逐渐被淹没，在距今大约5000年前后才形成接近目前状况的台湾海峡，台湾变成了一座连在大陆架上的大岛。这些已被科学家们所证明。

台湾宝岛土地的“根”自古至今都连接着大陆。

静卧于东海与南海之间的台湾，地理位置十分重要。它东西紧临太平洋，南隔巴士海峡与菲律宾群岛遥遥相望，并凭彭佳屿、钓鱼岛、黄尾屿等而与琉球群岛为临；西面的澎湖列岛正是著名的“远东海上走廊”——台湾海峡之要冲，扼“走廊”之咽喉。

台湾岛是一个形状好似芭蕉叶的狭长形岛屿，南北长约394千米，东西最大宽度为144千米。这里有雄伟的高山，也有险峻的峡谷，起伏的丘陵，坦荡的平原，有台地和盆地，有火山和沙丘，有各种类型的海岸，有仪态万千的泥岩凹地和隆起的珊瑚礁，多姿多彩，气象万千。

重峦叠嶂的高山是台湾最引人注目的地形景观。岛上的山地和丘陵占了总面积的2/3，山脉像条条巨龙，平行伏卧在岛上，烟云缭绕，山势巍峨，景色壮丽。特别是中央、雪山、玉山这三条山脉，尤为高峻。海拔3000米以上的高峰有84座，

日月潭

至于不及2000米的山岳则比比皆是。台湾岛是世界著名的“高山之岛”，岛上山岭盘结，高峰耸峙，其中中央山脉最高，号称“台湾屋脊”。

当我们站在清幽的大禹岭山庄，环顾四周巍巍的群山时，不仅为越过气势磅礴的“台湾屋脊”而豪情满怀，也为美丽的宝岛雄奇壮丽的山景而赞叹不已。

由于陆地面积不大而山地地势陡峻，台湾岛的河流大都流程短、落差大、水势急、多险滩瀑布。台湾瀑布有多种类型，有的瀑布从天而降，势如飞龙，有的层层叠叠，让人惊叹。同县的蛟龙瀑布被人们称为“难得一见的旷世奇观”。这些瀑布给美丽的台湾增添了无限的风光。有的地区则是近邻几十条瀑布聚在河谷的某一段，形成“瀑布

群”奇观。台湾的瀑布千姿百态，难以尽述。最负盛名的还是台北的乌耒瀑布，在苍翠的岭间，一股10米宽的巨流从80多米高的悬崖飞奔而下，声如雷鸣，宛如白练，云雾弥漫，景色奇丽。

台湾的温泉也特别引人注目，约有温泉80多处。最著名的是北投温泉，距台北市约20千米，三面环山，一面临淡水河。许多温泉涌溢成溪，使苍翠的山峦烟雾蒸腾，每年都吸引着大批的游客前来游览，人们无不惊叹大自然的奇妙。很多温泉都是林泉并茂的观光地。还有驰名中外的“水火同源”胜迹，那些小岩洞既溢出清冽的泉水，又吐出炽烈的火焰。台湾的许多温泉都带有硫黄质，在台湾旅行，很多人无意间能碰上涌溢而出流入山溪的泉水，使人一享奇趣。

台湾夜景

台湾是我国第一流的森林宝库，森林树种达3900多种，木材蓄量达3亿多立方米。热带林和亚热带林构成了台湾森林的主要部分。人们踏上台湾的土地，会立即被它壮丽的山河、温湿的气候所吸引。这儿林木葱茏、绿草如茵、繁花似锦、蝶飞鸟舞，让人陶醉。

美丽富饶的台湾岛终年常暖，长夏无冬，热量充足，水源丰沛，植物生长繁多。从山麓平原到高山山顶，可以同时出现热带、温带和亚寒带等各种不同的景观，被誉为“天然植物园”。台湾岛的珊瑚产量占世界的80%左右，有“珊瑚王国”之称。

当人们在台湾的平原沃野驱车驰骋的时候,那一片片碧绿的稻田，葱郁的蔗林，秀美的茶山，硕果累累的果园不断映入眼帘。台湾岛曾因盛产大米而享有“米仓”的美名，稻米、甘蔗、茶叶合称为“台湾三宝”。

大自然的鬼斧神工，把台湾的山山水水点缀得如此娇媚，岛上的奇峰峻岭，溪流瀑布，使世界各地游人络绎不绝。它的独特的名胜古迹和风情让人流连忘返。台湾的名胜数不胜数，最主要的是“台湾八景”。阿里山是指18座大山的阿里山脉风景区。这里既有幽谷飞溪，又有悬崖峭壁，还有茂密的森林，

别具粗犷而壮伟之美，是台湾最具代表性的风景山。日月潭被称为台湾的“天池”，是著名的高山湖泊之一，形成“青山拥碧水，明潭抱绿珠”的美景。日月潭就凭着这“万山丛中，突现明潭”的奇景而驰名五洲四海。驾小舟慢行，水色天光，顿有凭虚凌空入仙境之感。环湖而游，深入到各景点去，才能充分领略湖山风情。还有罕见的“清水大断崖”是海岩断崖奇观；“玉山积雪”能让人感受到北国风光；“安平夕照”的古堡灯塔，能让人感到一种古老的情味。

看不完的美景美色，走不完的高山风情。踏上这座岛屿就如同走进一座迷宫，如同踏上一片神奇的天地。

海底先驱——“凡尔纳”酒店

1. 世界上第一座海底酒店

在地球人口日益膨胀，陆地资源日益枯竭的今天，海洋成了人类最后的开发地。近年来，一些发达国家除了积极开发海底资源外，还组织了海底旅游和海底探险等，为开发海洋做了有益的尝试。

第二次世界大战结束后，人类就开始向海底进军。如果说一条又一条新开辟的海底隧道仅仅意味着人们可以乘坐地铁从海底走向海峡对岸的话，那么，美国于1994年开业的世界上第一家海底大酒店，却为人类将来在海底居住展示了美好的前景。

这一家取名为“凡尔纳海底酒店”的特殊旅馆位于美国佛罗里达州基拉各市的浅海底，酒店共4层，小巧玲珑，其顶端离水面约有9米。酒店之所以取名为“凡尔纳”，是因为凡尔纳是19世纪法国最著名的科学幻想小说家，曾写过许多以海底为题材的科学幻想小说，《海底两万里》就是他的海洋科幻代表作。“凡尔纳海底酒店”的建成使他的幻想变成了现实。

2. “凡尔纳海底酒店”的房间结构

凡尔纳海底酒店的每一套客房都很大，约15米长，6米宽，面积达90平方米，包括会客室、卧室、厨房和浴室，能容纳6名游客居住。你能猜出在这样的旅馆，它的收费标准是多少吗？这可是一个惊人的数字，它每天的房租为2.5万美元。尽管如此，入客凡尔纳海底酒店的还是大有人在。但这里可有一个重要的先决条件，住宿者必须是合格的潜水员。

海底酒店

凡尔纳海底酒店是用一种特制的合金材料建成的，具有高度防锈防腐蚀的性能。房间里的设备远远超过了陆地上的五星级宾馆，除了彩电、录像和音响外，还有电脑、卫星电话和微波炉等。浴室中设有海水淡化加热淋浴器，随时都能洗热水澡。酒店内的空气则由电解海水制气机供应。饭店内的伙食则就地取材，以海鲜为主，有龙虾、海蟹、海底鱼类和形形色色的海贝等。游客入住后最感兴趣的要属从每个房间的窗口去欣赏海洋里的鱼类和贝类，就仿佛身临神话里的水晶宫一样。

3. 怎样做客“凡尔纳海底酒店”

假如你有兴趣做客“凡尔纳海底酒店”的话，下面这些内容你可得好好阅读，因为游客是坐着玻璃潜艇进入酒店的，可不像我们平常那样省事。当然，进入酒店后，客人还可以穿上潜水衣跃入海中。出入时游客都不必担心有安全问题，因为在入口处设有摄像机时刻监视，若有不测，酒店保安潜水员会立即赶往抢救。

酒店除了给游客提供在海底游览的玻璃潜艇外，还提供特制的潜水服供游客在海底自由游览。酒店内还设有一个高 3 米、宽 6 米的“潜水室”。游客先在室内换上潜水服，带上一个可直接呼吸海水的特制的人工水肺，然后再从隔离室的小门潜入海水中。潜水员带上这种人工水肺可以在 30 ~ 40 米深的水下像鱼儿一样呼吸，但在水中停留的时间不能超过 40 分钟。对一般游客来

说，有 40 分钟的时间在海底游览已经很充裕了，他们在千姿百态的珊瑚丛中，有机会捡到色彩缤纷形态各异的螺壳，或者是几枝珍贵的绿色或红色珊瑚。

游客从海底回到酒店后，还可以到咖啡室休息一会儿，一面喝咖啡，一面坐在巨大的玻璃窗前观赏激光照射下的奇妙的海底景色。更令人惊奇的是，一条条曲线玲珑的“美人鱼”在窗外出现，她们都是海底酒店的女侍，只是装上一条“鱼尾巴”而已。

4. 建造“凡尔纳海底酒店”的目的

为什么人类要在 20 世纪末开设像“凡尔纳海底酒店”这样一个海底酒店呢？它的目的之一是让人们超前领略 21 世纪到海底生活的风趣，满足更多人的好奇心，让他们享受深海度假的乐趣。正如这家酒店的老板之一，海洋学专家尼尔·蒙利教授所说的那样：“那些喜欢享受海底宁静世界的人，当他们身处深海中的酒店时，很难形容自己的感受，他只能听到气泡在海里上升的声音，一切都是那么悠闲宁静。”

建造凡尔纳海底酒店的另一个目的，如酒店的另一位老板约克海洋学家所说：“我们开设这家酒店的目的是让世人知道，人类在不久的将来安家落户海底是完全可能的。”

海天佛国——普陀山

普陀山，同峨眉山、五台山、九华山等佛教名山齐名，它是佛教圣地，独具特色。

普陀山是舟山群岛中的一个小岛，如翡翠镶嵌在东海万顷波涛之中。该岛呈狭长形，南北长约 6.9 千米，东西宽 4.3 千米，面积 12.6 平方千米。普陀山地势西北高峻，东南低平，有山 16 座，峰 18 顶，最高峰为岛北的佛顶山，海拔 291.3 米。全岛山姿秀丽，海岸曲折，多礁石沙滩，气候宜人，冬暖夏凉，湿润多雨，为我国四大佛教名山之一，以“海天佛国”驰名中外。

普陀山观音像

普陀山在唐朝以前称梅岑山，因东汉成帝时炼丹家梅福隐修于此而得名。历代封建帝王大力倡导佛教，至唐更趋昌盛。相传公元9世纪中叶，有大竺(今印度)僧人来山，并得梵名：Potalaka，音译补陀逻迦。汉语的意思是“小白花”。又因历代帝王多建都北方，称东海为“南海”，所以又称南海普陀山。随着“普陀山”名称的确定和佛教的日益发展，岛上诸景点的名称都与佛教和观音菩萨有关。

善财礁，在普陀山紫竹林东约300米处。据清康熙《定海县志》记载：“善财礁在潮音洞前海中……以此山为善财南巡地，故以为名。”新罗礁，在普陀山观音跳东约50米，俗称观音跳。相传观音大士从洛迦山跳到普陀山来，正好脚落此礁。洛迦山，距普陀山约5千米，被称为观音大士来普陀山前修行之地。山上有“水晶洞”，相传为大士灵现之地。正趣峰之名出自佛经中正趣菩萨，说他从他方来，曾在此示现说法。从短姑道头到前寺中间，有一座正趣亭，亭名来自正趣峰。

普陀山还有为数不少体现山海奇观自然风貌的地名。

普陀山整个岛形似“龙”，故岛上有不少带“龙”字的地名，其中以伏龙山为著。伏龙山又名龙头山，在普陀山最北端，与茶山相接，蜿蜒如“游龙出海”。

飞沙岙古时是介于青鼓山和佛顶山之间的浅海。明初时船只还可以在此避风，后因飞沙日积成丘阜，加之普陀山受新构造运动的影响，地壳上升，形成了东西长1.5千米的大沙丘，沙子随风吹迁，故称作飞沙岙。

被称为普陀山12景之一的“两洞潮音”的潮音洞和梵音洞，都是在海浪的侵蚀作用下形成的海蚀洞穴。潮音洞为一纵深20多米的岩隙洞穴，因海浪不断冲击洞内，不断发出闷雷般的声音而得名。梵音洞则别具一格，两岩陡峭成洞，洞内曲折通海，潮水涌入洞中，如雷震耳，蔚为奇观。至于洞名梵音，则从佛经来，佛经上说：“梵音，海潮音也”。

普陀山石千姿百态，都是大自然雕琢而成。著名的磐陀石，底尖面广，搁在一块巨石上，观之若坠，但千百年来巍然兀立，稳如磐陀，故称“磐陀石”。又如“云扶石”叠在刻有“海天佛国”的巨岩之上，白雾缭绕，时隐时现，欲坠欲扶，故人冠以“云扶”。

岛东部海岸以千步金沙著称的千步沙和已开辟为海滨浴场的百步沙，由于两者位于三个岬角之间，

千步沙规模较大，故名之；百步沙只有千步沙长度的1/5，因长度只有百步左右，故名之。千步沙与百步沙中只隔一个小的岬角，它们都是由于海相沉积形成的地貌。每当海潮拍岸，其声如排排响雷，潮水来如奔马；退如卷帘，瞬息万变，气象万千。沙滩坦阔，灿灿如金，柔软似棉，有“黄如金屑如苔”之说，有“南方北戴河”“东方夏威夷”之誉。

历史传说和神话是构成普陀山一些地名的另一特色。

“仙人井”在几宝岭下，得名于东晋时葛洪到此用井水炼丹，民间称他为“仙翁”，所以这里称为“仙人井”。

“南天门”在南山上与普陀山“环龙桥”相连。过桥不远，拾级而上，有两块巨石对峙，宛若门阙，故称作“南天门”。门前是浩瀚的大海，传说孙悟空大闹天宫时，曾在这里打败天兵天将，迫使托塔天王仓皇逃走。

“剑劈山”在佛顶山慧济寺附近，是一巨石，中间裂开，酷似用剑劈成，传说这就是《西游记》中的杨戬怒劈“混天石”的故地。

海天佛国普陀山，在我国四大佛教圣地中，形成的历史最短，但知名度最高。

普陀山是供奉女观音的佛教圣地，体现了大慈大悲的温柔心肠，“能普度众生，到极乐世界”，富于人情味。在日本、东南亚佛教界及华侨华人中有深远的影响和吸引力，游客长年不断，盛况空前。

普济禅寺，又称前寺，位于灵鹫峰麓，是全岛的核心，是供奉观音大士的主刹，也是全岛风景区的中心点，建于宋神宗元丰三年，重建于清康熙年间。寺内有大圆通殿、天王殿、藏经楼，大殿宏伟。寺前有御碑早，亭内有清雍正皇帝所书玉碑一块，上载普陀山历史。碑旁有海印池——观音菩萨脚踏莲花的莲花池。池中有八角亭，东有永寿桥，西有瑶池桥；寺东南有5层的多宝塔，为元代所建，四周古樟蔽天，它们交相辉映，使水、桥、塔、林、寺融为一体。

法雨寺位于光照峰，又称后寺，是普陀山第二大寺。它前身是明万历八年（1580年）西蜀僧大智创建的海潮庵。万历三十三至三十四年，增建殿宇，并得朝廷敕赐“护国镇海禅寺”匾额和龙藏佛经。康熙二十八年，当朝赐帑与前寺同修；三十八年御赐“天花法雨”匾额，改名法雨禅寺；雍正九年又进行大规模扩建，在建筑规模和华丽程度上，都足以与前寺媲美。整个寺院依山起势，层层升高，第一重为天

王殿，第二重为玉佛殿，第三重为大圆通殿，第四重为殿宇五间的御碑亭，第五重为高大的雄宝殿，第六重是全寺最高处的藏经楼；楼后是形如屏风的锦屏山峰，整个法雨寺入山门而上，恍惚步入天宫。置身于此,身心被宏伟的气势所陶醉，涛声、禅声……神游其中,满眼佳景。

慧济寺是普陀山第三大寺，位于普陀山最高峰佛顶山的凹地，树木茂盛；走近后方见殿角露出树梢，非常幽深，有四殿七宫六楼，布局因山制宜,别具一格;大雄宝殿、藏经楼和大悲阁同在一条平行线上。

上述普陀山三大寺庙，成掎角之势，高低错落。每逢庙会，这里更是人流如织，香烟缭绕，人们纵情游览，并拜神祈福。

普陀山景色秀丽，寺庙众多，它的宗教文化和人文景观使这里名扬中外。

难怪普陀封素有“普陀山有宝皆寺，有人皆僧”之说。即使普陀山上的石头，也似乎个个向佛，块块听经。崔树森《“海天佛国”普陀山》介绍“二龟听法石”说：“著名的‘二龟听法石’，由花岗岩风化、海蚀而成，酷如龟状：一只蹲伏岩顶，回首观望；一只昂首延颈，缘石而上，筋膜毕露，真乃鬼斧神雕、惟妙惟肖。据传二石是当年东海、西海的两龟丞相，因常常偷听观音

多宝塔寺

佛塔

说法不肯回海，后经观音点化成石。”

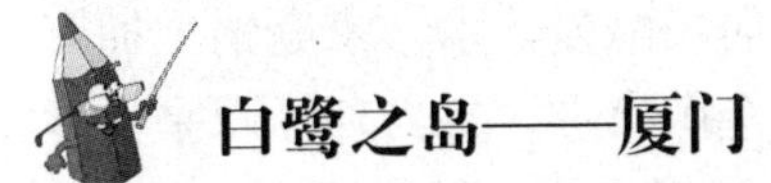

白鹭之岛——厦门

高雅洁白的白鹭，点缀在黑石绿树之间。厦门，这个以白鹭而得名的东海明珠，以她秀丽的风姿和勃勃的生气迎接着第一位寻美的人。

厦门市位于福建省东南沿海，山环水绕，万木葱茏。这里是一个彩色的世界，四季如春，百花争妍，是闻名中外的避暑胜地。倘若从厦门第一峰——洪济山顶俯瞰这个海岛城市，其形状恰似一只白鹭伫立于碧波苍雾之中。相传，很久以前，这里是白鹭栖息的地方，故又有鹭岛之称；厦门和鼓浪屿之间的海峡就叫鹭江。

厦门在南宋时称为嘉禾屿。嘉禾是庄稼种得好的意思。1387 年，明王朝为防倭寇，在岛上建厦门城，厦门由此得名。

厦门是个天然的深水良港，背靠大陆，毗邻漳州、泉州两市，与台湾、澎湖仅一水之隔，万吨巨轮可以出入。它位于上海至香港航线的中心，去新加坡、印度尼西亚、马来西亚及南洋各地都很方便；跨海长堤把厦门岛与祖国各地连接起来，海运与陆路运输紧密连接，交通十分方便。

厦门也是驰名的游览避暑胜地。这里地处亚热带，地形崎岖，气候温和，一年四季如春，登此岛避暑，可以饱览“山无高低皆行水，树不秋冬尽放花”的南国绮丽风光。“锦绣烟花自一洲，无边风景似杭州”，这是古人赞美厦门的诗句。由地貌、水文、植被等交织而成的厦门自然景观，具有雄、奇、秀、幽等特点。厦门岛周围长风浩荡，波浪滔滔。大小山头遍布形状奇异的花岗石，山川景物变幻无穷，让人赞叹不已。

厦门的洪济山峭拔挺秀，是岛上的最高处。山上古榕蟠屈，曲径通幽，许多风景的来历和解释，都很耐人寻味。厦门还有友头山、虎头山、狮山，都是厦门重要的游览景点。狮山山岩环抱峡谷，长年绿树蔽天。早上雾气浓浓，海天苍茫，景色都笼罩在烟雾迷茫之中；到太阳出来，便听到鸟的啼鸣，看清山青水色。所以，有“狮山晓雾”的

美名。厦门的石不但数量多，而且千姿百态，稀奇百怪。既有迎风而动的“风动石”，又有随潮汐而隐现的“浮沉石”；高处有“望高石”，低处有“剑石”“印石”；还有许多象形的名字，如果不亲临这里，很难想象这石景的奥妙。

厦门山上遍布花岗岩石，而在万石岩更为密集。大者周围十余丈，小者径仅数尺，如玉似漆。乾隆时名士薛起风赞道：“山岩多胜概，万古独称奇。”无论是万石岩游览区还是万石岩植物园，其山容水态，都分外妖娆。

厦门物产丰富，工艺美术历史悠久，海产品更是品种繁多。与鹭岛只一水之隔的鼓浪屿，面积1.84平方千米，是国家重点风景名胜区。岛呈椭圆形，上有鼓浪石，石中有洞，波涛袭来，其声如鼓。岛上环境幽美，四季如春，繁花似锦。许多别致的西式建筑物依山而建，红瓦覆顶，碧草如茵，若海上明珠，有“海上花园”之誉。岛上汽车绝迹，仅有电动游览车将沿海诸景串在一起，故有“步行岛”之称，十分恬静。鼓浪屿还被称为“音乐之岛”，岛上居民酷爱艺术，家庭钢琴拥有率居全国第一。每当耳际飘来悦耳的琴声，伴着海浪拍岸的阵阵轰鸣，实在令人感到无限惬意。

厦门海景

日光岩和菽庄花园是岛上两大胜景。日光岩高90米，为岛上最高峰。明末清初，民族英雄郑成功曾在山上安营扎寨，至今留有山寨遗址和许多摩崖石刻。1661年郑成功率数百艘战舰挺进台湾，终于从荷兰殖民者手中收复了被其霸占38年之久的台湾，为国家的领土完整立下了不朽功勋。为了纪念这位民族英雄，1962年在郑成功收复台湾300周年之际，于日光岩下建起了郑成功纪念馆。菽庄花园是厦门第一名园，仿《红楼梦》中的怡红院而建，巧用天然地形，依山傍海，布局成五景十二洞天；园内遍植花木，四季如春，是不可多得的海上花园。

厦门五老峰下的南普陀寺，是闽南著名的古刹之一，有1000多年的历史。在我国佛教四大名山之一浙江普陀山之南，故称南普陀寺。

南普陀寺背靠五老峰峦，面临万顷碧波，山光水秀，梵语钟声犹如仙境。寺内建筑雄伟华丽，藏经阁内珍藏着中外佛典经书数万卷。

厦门是一个美丽的花园，她天然神奇，巧夺天工。鹭江夕照，江海流辉，万顷金波。徜徉于鹭江之滨，人们无不为厦门的胜景所沉醉、感叹。

豪华盛宴——邮轮旅游

好莱坞巨制《泰坦尼克号》，在让世人感叹浪漫爱情故事的同时，也向观众提供了一场华丽的视觉盛宴。电影中金碧辉煌、大气磅礴的“泰坦尼克”号邮轮成为人们心中永恒的向往。

现代豪华邮轮旅游的最大特色在于带给游客浪漫休闲的高级假日享受。邮轮造型十分精致美观，仿佛一座漂浮在海上的豪华度假村。与游艇旅游不同的是，邮轮旅游突破了近海旅游时间和空间的局限，远航至更广阔的海域，前往另一个城市或国家并做短暂停留，极大地丰富了假日旅行的视野。豪华邮轮内设有餐厅、酒吧、电影院、图书馆、商业街等各种娱乐设施。此外，邮轮还有岸上游览行程，可供游客尽情享受坐拥碧海蓝天的悠闲时光。浪漫、兴奋、放松、探险、发现和奢华是豪华邮轮永远的度假主题。当今世界众多的邮轮中，“钻石公主”号、“处女星”号是豪华邮轮中的佼佼者。

美国迈阿密享有“世界邮轮之都”的美誉。欧洲邮轮旅游有较长的历史，形成了许多著名邮轮都市，其中首推西班牙的巴塞罗那。亚洲邮轮旅游起步较晚，但发展势头良好，其典型代表是新加坡和中国香港。近年来，中国内地也在大力开发邮轮旅游，青岛、大连、上海、深圳等地都在争先抢占邮轮母港。

豪华邮轮内饰

邮轮最早起源于欧洲。早期的邮轮是邮政部门专用的运输邮件的一种交通工具，同时运送旅客。随着科技的进步，喷气式民航客机的出现，使得远洋邮轮渐渐失去了载客和载货功能。为了增强竞争力，邮轮公司于是兴起了邮轮假期的概念。直到19世纪中叶，美国航运巨头爱德华·科林斯才将豪华的概念引进了远洋邮轮的建造中。英国工程师爱森伯特·布律内尔建造了传奇般的巨轮，成为人类进入巨轮时代的标志。

“海洋绿洲”号

由美国皇家加勒比国际邮轮公司投入巨资建造的“海洋绿洲”号邮轮，于2009年12月1日开始处女航行，是目前全球最大、最豪华的邮轮。它共有16层甲板，每层甲板上都建有客舱，客房更是多达2700间。这艘巨轮的设计卓尔不凡，开创性地融入了“邻里社区”的理念，将空间分割为各具魅力的七个主题区，即中央公园、皇家漫步大道、百老汇、游泳及运动中心、海上疗养和健身中心、娱乐中心、青少年活动中心。每个主题“社区”都包含不同寻常的元素，拥有赌场、商店、剧院、酒吧、跳水池、溜冰场和攀岩场地等许多陆地上才有的娱乐设施，让游客体验到不可思议的海上航行的精彩与乐趣。“海洋绿洲”号邮轮，承载着几代邮轮的梦想，刷新了多项邮轮界的纪录，包括海上高空滑绳、首个海上公园、首个海上手工制作的旋转木马、跃层套房的居住体验，还有首个海上剧院等，是当之无愧的“海上巨无霸”。

20世纪初，泰坦尼克号由英国白星航运公司建造，是当时最大、最豪华的邮轮，被称为“永不沉没的客轮”“梦幻客轮”。1912年4月10日，“泰坦尼克”号载着2224名乘客和船员，从英国南安普敦出发，开往美国纽约，开始了横越大西洋的处女航行，但却不幸在北大西洋撞上冰山沉没。由于缺少足够的救生艇，船上1500多人葬身

大型邮轮

海底，造成当时最严重的一次海难。轰动全球的电影《泰坦尼克号》正是根据这艘豪华邮轮的真实故事改编而成的。

为纪念“泰坦尼克”号邮轮首航百年，2012年4月8日，英国“巴尔莫勒尔”号邮轮从英国南安普顿港出发，重走当年“泰坦尼克”号的航线，并继续其未完成的旅程。当年遇难者和生还者的亲属、“泰坦尼克”号的研究者以及众多被泰坦尼克号影响和感动的人，共1309人踏上此次旅程。与“泰坦尼克”号体积大小相近，从菜品到现场乐队表演，“巴尔莫勒尔”号邮轮都复制了当年“泰坦尼克”号上的场景。按照计划，“巴尔莫勒尔”号于当地时间4月14日抵达“泰坦尼克”号沉没的地点，并于当日晚上11点40分——100年前“泰坦尼克”号与冰山相撞的时刻，举行特殊的纪念仪式，一直持续到4月15日凌晨2点20分——100年前“泰坦尼克”号沉没的时刻。随后邮轮将途经加拿大哈利法克斯，悼念埋葬在那里的部分遇难者，并最终抵达航线的终点——美国纽约。然而，因途中有游客生病，“巴尔莫勒尔”号于4月11日被迫折返。后又因遭遇暴雨，整个行程充满了艰险。虽未能按计划如期完成使命，但“巴尔莫勒尔”号勇敢克服了暴雨、冰山等不利因素，于4月19日安全抵达了终点纽约。

神秘传奇——复活节岛

太平洋南部的复活节岛，是全球数不胜数的岛屿中海洋风情最具特色、最具魅力因而也最著名的岛屿之一。复活节岛的地理位置、岛名来历、岛上的自然与人文景观和岛民习俗文化生动有趣，让人赏心悦目。从智利首都圣地亚哥乘飞机西行约5个小时，便可抵达复活节岛。

复活节岛位于南太平洋东部，南纬27°9'30"秒，西经109°26'15"。它的地形呈三角形。由于太平洋板块在向南美大陆移动，复活节岛也以平均每年15厘米的速度向智利海岸靠拢。

复活节岛是火山岛，岛上有许多火山，其中3座较大的火山是北部的特雷巴卡火山，东南部的波伊凯火山和西南部的卡乌火山。大约在1万年前，这些火山都曾活动过。

1722年，荷兰海军上将雅可布·洛古文率领3艘舰船远航，正是在“耶稣复活节”那天（4月5日）他们发现了这个海岛，因而取名为

“复活节岛”。

事后160多年，智利巡洋舰舰长波利卡波·托罗中校多次率舰队到复活节岛。在2年多的时间里，他同岛上的头领进行了许多次谈判，终于在1888年9月9日达成协议，智利花了6000英镑加5000法郎买下了这块宝地。这6000英镑是付给当地头领塔蒂·萨尔蒙和约翰·布兰德的。而5000法郎是交给当地的法国天主教教会的。从那以后，复活节岛成为智利领土的一部分。现在，复活节岛隶属于智利第五大区的瓦尔帕莱索省。

巨人头像

复活节岛最引人注目的景象是那些“毛阿伊人像”。这是一种用火山岩雕成的巨大的半身人像，全岛共约1000尊。雕像的身高从几米到20多米，重量从数吨到数百吨不等。走近这些雕塑，会发现雕像肥瘦高矮不等，表情各异，生动有趣，让人难以忘怀。尤其让人感到奇特的是，大约有100尊“毛阿伊人像”竖立在一排排的墓台上。这些墓台是用坚硬石块砌成的。全岛共有102个墓台，每个墓台上排列着1~16尊不等的“毛阿伊人像”。

据历史学家考证，这些形态逼真的石雕像是岛民祖先的杰出代表，这是后人为纪念他们而雕凿的。每个墓台上屹立的石雕像都属于同一家族或部落。墓台下面是墓穴，埋葬着岛民先辈的遗体以及本家族其他成员的遗体。

这些巨大的石雕像，多数仍屹立在各自的墓台上。少部分已离开了自己的墓台，倒在地上。走近这里，人们总是抚摸着他们屡被摧残的“躯体”，感叹他们饱受战争创伤和侵略者蹂躏的命运。

复活节岛东南部的拉拉库火山的东南坡，是一个宽阔的残存至今的石像雕刻工场，那里横七竖八地平躺着约400尊石雕像。其中193尊已雕凿完毕或接近完毕，其余的则为半成品。据介绍，当时大概由于突然出现的天灾人祸使这项工作中断。

智利青年考古学家塞尔希奥·拉

普是复活节岛人，他在介绍故乡的古迹时指出：“毛阿伊人像”已有1500多年的历史。除此之外，岛上还有其他的历史文物，如小船式的石屋，充满神秘色彩的山洞，古代的鸡笼和地下炉灶，等等。所有这些使复活节岛成了一个名副其实的“露天博物馆”。

智利有关单位经过几年的考察，发现复活节岛还残存着近万件古物，它们散布在岛上近7000个地方。这些古物对于研究复活节岛的历史具有重要的价值。

从复活节岛首府安加罗亚出发南行，约1个小时，便可登上奥龙戈山顶。古人在这里建造了城堡，这里共有石屋47间，屋内放有古石雕，墙上还保存着几幅尚能辨认的古画，以及至今还没有人能辨认的一批象形文字。

复活节岛曾是一个丰富多彩的地方，这里的音乐、舞蹈、雕刻、建筑、手工艺、海上和陆上体育活动以及农业等，都比较发达。但是自从1722年欧洲人抵达以后，复活节岛的金银财宝、珍贵文物被抢掠一空，有的文物遭到严重破坏。有不少雕刻艺术品(石雕和木雕制品)，现在被存放在西欧国家的一些博物馆里。

岛上的奥龙戈火山附近，竖立着一尊“鸟人像”。据介绍，关于这尊石雕,流传着不少有趣的传说。其中的一个传说是：过去，每当风和日丽的春天，岛上的男女老少都聚集在这里，他们一边载歌载舞，一边等待观看第一个取回海鸟蛋的人。取海鸟蛋是一项很有趣的体育活动。当头领宣布活动开始以后，一批小伙子争先恐后地从200米高的悬崖上下到海里，顶着巨浪向数百米以外的几个小岛游去。他们上岛后拾取一枚鸟蛋，装在扎在前额的小篮子里，迅速返回，再攀上悬崖陡壁，爬到山顶，把鸟蛋交给他们的头领。谁第一个交上鸟蛋，谁就是英雄好汉，大家都向他祝贺。这尊“鸟人像”就是为纪念这项活动而雕刻的。

来到复活节岛，人们会发现这里的人个个热情好客，勤劳而且极爱干净，从他们居屋的环境和衣着上,就能看出他们有爱清洁的习惯。他们是棕色皮肤，长得像东方人。

据考证，复活节岛全盛时期，居民曾达2万人，16个部落和睦相处。后因有人挑拨离间，部落间结下冤仇而互相残杀；再加上疾病的蔓延，岛上人口锐减，到智利买下这个小岛时，岛上只有120余人。经过几百年的人口繁殖，人数有所增加。复活节岛人们过着美好的生活，男人是干活的多面手，女人勤俭持家。复活节岛人爱喝酒，不少十三四岁少年的酒量就很大。他们也喜欢吃烤制的食品。

梦想天堂——马尔代夫

1. 麦兜的梦想天堂

看过《麦兜故事》的人都会记得，电影里面那个可爱的小猪总是在喃喃地念叨着要去马尔代夫：“那里椰林树影，水清沙幼，蓝天白云，是散落在南印度洋的世外桃源……”或许是麦兜的痴迷深深地感染了忙碌的人们，使他们也迷恋上了这种梦境。

如今的马尔代夫，已成为“悠闲假期”“梦想天堂”的代名词。在蓝天与海水营造出的童话世界中，人们可以彻底放松自己的身心，抛却世俗的烦恼，畅享这海天一色的如画风景。也许这就是马尔代夫的魅力！在马尔代夫最大的享受就是看海。从高空俯瞰这个世界上最大的珊瑚岛国，湛蓝清澈的海水中，一个个花环般的绿色小岛星罗棋布，犹如从天际散落的串串珍珠镶嵌在蓝色透明的美玉上。小岛周围环绕着一圈雪白的沙滩，海水的颜色从若有若无的浅蓝到翡翠般的孔雀蓝再到神秘的幽蓝，逐渐分层。马尔代夫蓝、白、绿三色绝妙的搭配使它赢得了“上帝抛洒人间的项链”“地球上最后的香格里拉”“印度洋上的花环”等众多美誉。

马尔代夫拥有数千种热带鱼。美丽的珊瑚、色彩斑斓的热带鱼，让人目不暇接。作为全球三大潜水胜地之一，在这里深潜需要专业的

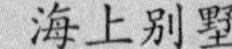
海上别墅

潜水执照，但游客可以选择浮潜，只需租上救生衣、蛙镜、脚蹼和咬在嘴上的呼吸管就可跃入海中，与鱼儿们共舞。

马尔代夫所特有的巡游岛屿活动，还可以让游客充分观赏到马尔代夫“一岛一景”的奇观。尤其是乘坐独具当地特色的多尼船环游岛屿，更是乐趣丛生。

天堂岛形如一只草履虫，马尔代夫人坚信是上帝来到这里按照天堂的模样建造了它。岛上浓密的椰林与宽阔的芭蕉叶掩映着200多间面朝大海的房子。只要迈出房间的台阶,游客就可以亲近大海和沙滩。岛上还有40幢建在浅海的“水中别墅”，奢华程度超出你的想象。

太阳岛是马尔代夫最大的休闲度假村,据说已有上百万年的历史。岛上鸟语花香,热带植物茂密丛生，一派生机盎然的景象。游客可以随性躺在沙滩上，边沐浴着温暖的阳光边聆听大海的潮起潮落，也可潜入水中与热带鱼亲密接触。岛上还有一个能容纳上千人的西式自助餐厅，菜式丰富，新鲜美味。

“马尔代夫”一词由梵文演变而来，是花环的意思。

马尔代夫美景

2. 梦幻“水上屋”

在马尔代夫，一个小岛就是一个酒店。睡觉、吃饭、运动、SPA、晒太阳、发呆……几乎所有的生活都与房间息息相关。而马尔代夫最具特色的酒店便是风格独特的“水上屋”。

如果说马尔代夫1000多个岛屿宛如镶嵌在湛蓝大海上的串串珍珠，那么建在透明海水之上的“水上屋”就是这串串珍珠上的点点银光。住在返璞归真的“水上屋”中，游客不仅可以清晰地看到五彩斑斓的热带鱼，聆听海鸟清亮的鸣叫，还能观赏到岸边树影婆娑的椰树林和晶莹洁净的沙滩。

这里还有专门为度蜜月的情侣精心打造的蜜月房，浪漫至极。

“伊特哈”海底餐厅

“伊特哈”海底餐厅位于希尔顿度假酒店内，在海平面以下6米处，是世界上第一家全玻璃的海底餐厅。“伊特哈”，是当地语“珍珠”的意思。餐厅四壁完全由透明的有机玻璃制成，可容纳12人同时就餐。游客在此品尝美味的同时，还可以尽情观赏海洋中的热带鱼和珊瑚礁。当颜色鲜艳的成群热带鱼紧贴着餐厅的玻璃游过时，美丽的景象总会令人们情不自禁地发出赞叹声。

马累是马尔代夫群岛上的购物中心，几乎聚集了所有的商店，而这里的绝大部分商品都是本地货。马尔代夫是伊斯兰国家，禁食猪肉。但作为海岛国家，这里盛产鱼、虾、蟹等。

3. 即将消失的人间乐园

马尔代夫目前拥有1200多个岛屿，但适合人类居住的岛屿只有200多个。作为世界上海拔最低的国家，马尔代夫正面临着全球变暖、海平面上升的生存危机。2004年的东南亚大海啸已经使得马尔代夫丧失了40%的国土面积。根据联合国对全球暖化下海平面上升的速度计算，也许在100年之内，上升的海水就会吞噬整个马尔代夫。近年来，马尔代夫一直站在呼吁防止全球变暖行动的最前列，岛上的居民也都积极投入到保卫国土的行列中来，他们甚至自发收集石头以巩固海岸。

新兴娱乐——海上娱乐场

建立大型海上娱乐场，是利用海洋空间的工程之一。在离陆地几千米的海上，可建造人工岛，岛上能建码头、企业、居民点、休养所等。在人工岛周围，可与陆地之间创造一个平静海域，或在人工岛上设置一个由波浪控制装置所营造的平静海域。海上娱乐场就建在这海域上。近年来，随着经济发展、生产力不断提高及人们空余时间的增加，人们对空闲时间的价值观也在变化。人们对这种能充分利用海洋资源、海洋空间的海上娱乐场也越来越感兴趣，因为它使人有一种回归自然的感受，使人能够借助技术与自然相处得更加协调和谐。波高、风速、气温、水温等各种因素，对海上娱乐活动影响很大。体育性的各种活动，如游泳、潜水、游艇活动等，

一般要求在波高 1 米以下、流速 2.5 米 / 秒以下、风速 10 米 / 秒以下、气温和水温 20℃以上的海域进行。而海水浴、海滩游戏、散步、拉网活动，则要求在波高 0.5 米以下、流速 0.5 米 / 秒以下、气温和水温 30℃以上的海域内进行。但新一代的海洋性娱乐，最好在平静海域进行,以使安全性增大,活动时间延长，甚至夜间也可进行。这样，活动者的年龄层次也能扩大，老年人也可以参加。

新的海上娱乐活动能充分利用海洋特殊的魅力，巧妙地应用海洋的波浪、流动、水压、海水浓度等特性。虽然目前从技术和成本方面看，未必马上就能实现，但不久的将来却完全有把握予以实现。从目前的研制进程看，大致有如下一些项目：

一是透明密闭座舱。它是一种耐用性透明球体座舱。人一进入里面就不会被水弄湿。它能随波翻滚，随波漂流，人在里面能享受随波逐流之趣。无风浪时，球体中的人也可自行动作，使座舱在水中自由活动。

二是漂浮气垫。它是一种装有小型马达的气垫。使用时，先让它以低速向人工岛前进，然后让它在海面上漂浮。人在上面能很快消除疲劳，从而体验到一种悠闲、舒适的感觉。

三是漂浮步行通道。设置在海

海上娱乐

面上，能随波上下浮动。人在上面走犹如在摇晃的吊桥上行走一样。由于是在平静海域，因此浮动幅度不大，很安全。通道有的部分淹没在水中,又让人有水上散步的感觉。

四是音响护岸和沉箱。把波浪撞击护岸和沉箱的声音放大，并改变成优美的能拨动人心弦的波浪之声。使人听后，工作的疲劳感和紧张感一扫而光，心情异常舒畅。

五是海中浮动通道。利用海底合适的地形来设置。把跨越海沟的吊桥与珊瑚群、海藻群有机地结合起来，形成宽广的步行长廊。人们带着水中呼吸器在此处活动，极有情趣。

六是海中养殖园。在水中建立鱼类、贝类、海藻类培育场地，还可建立能自由捕捉鱼类、贝类的渔猎场，以增加活动乐趣。

七是海滨剧场（水上剧场）。利用海滨夜色建立开放型电影院、剧院。从沙滩上眺望海上银幕，影片在夜雾蒙纱似的银幕上放映，使人有一种梦幻似的感受。此外，在海上也可建造电影院，让观众边在海上纳凉，边看电影。

八是旋转型船码头。由于船码头可以旋转，船从码头出发就能受到有理想风向的风的推动，使人情趣大增。

建造海上娱乐场的地区无特别要求。太平洋沿岸温带地区的海岸，都可以建造。它可以全年开放，每年可接纳游人 200 万左右。考虑到社会的高龄化，老人也是它接纳的对象。这种海上娱乐活动时间通常为几天到 1 周。

“世界第六大洋”

我们都知道世界上有四大洋，即太平洋、大西洋、印度洋、北冰洋，可你听说过世界第六大洋吗？大名鼎鼎的迪尼斯乐园你一定知道吧。如今，迪尼斯世界的一座新的旅游胜地已经对公众开放了，它就是位于佛罗里达州奥兰多市的爱泼考特中心的“活海”。迪尼斯先生把它称作“世界第六大洋”。“活海”直径 203 英尺（1 英尺＝0.3048 米），深 27 英尺，可容纳 550 万加仑（英制，1 加仑＝4.546 升）以上的海水，它可是世界上最大的水族馆。

迷人童话——哥本哈根

哥本哈根是丹麦的首都。位于丹麦 406 个岛屿中最大的一个

岛——西兰岛的东岸和阿玛格小岛的北部，临厄勒海峡，与海洋结成一体。全城的每一边缘或每条街的尽头都与水相连。它是北欧最大的城市和重要的交通枢纽，有火轮通瑞典港口马尔默。同时，它是丹麦政治、经济、文化的中心，也是最大的军港和自由港。

在8～11世纪的北欧海盗时代，哥本哈根还是一个小渔村。1167年，一位刚强不屈的教士阿布塞伦主教在哈根建造了一座城堡，用很高的壁垒把这个村子围起来，以防范海盗的掠劫，名“哥本哈根”，意为“商人之港”。一个城市从此诞生了。

1443年，欧洲一个古老君主的后裔把朝廷迁到哥本哈根，该城便成了强大的北欧帝国的中心。这帝国在不同的时期曾包括挪威、瑞典的大部分和德国的北部省份，并控制了波罗的海。可是几百年中无休无止的战争渐渐削弱了丹麦的力量。1807年，由于丹麦人亲近拿破仑，一支英国舰队连续3天炮轰了哥本哈根，使这座城市几乎夷为一片废墟。幸免于难的一些主要建筑物大部分是丹麦“太阳王”克里斯琴四世时期建造的。这位很有文化素养的君主除了把哥本哈根的面积扩大了1倍外，还下令建造了现在存放着王室珠宝的罗森堡宫、由4条盘绕在一起的龙尾构成的绿色铜尖顶的证券交易所和用作天文台的33.5米高的圆塔。这些都是举世公认的建筑杰作。阿玛连堡宫也是无比非凡，这座八角形的圆石建筑，四面都有精美别致的图案，无论从哪个方向看都一样，而且圆柱的雕刻精巧细腻，人物别具情态，使这座王宫成为雄伟壮丽，引人入胜的华丽所在。

哥本哈根市中雕塑

早上，放眼港区，太阳从大海中飞升起来，把哥本哈根港照得金光闪闪；宽阔的码头旁边整齐地停泊着一艘艘大型货轮；信号塔上不时地升起红绿色的信号，进出港口的船只在平静的海面上激起一道道白色的浪花。在总长500多米的集装箱码头上，仓库的露天货场星罗棋布，铁路专用线密如蛛网，满载货物的火车、汽车、电动车往来穿梭，不停地忙碌着。入夜，码头上的探

童话世界

照灯、电灯和轮船上的信号灯齐放光彩，海面上五彩缤纷，整个码头成为一个美丽的不夜城。

丹麦本土面积只是法国的1/3，但它的海岸线总长却超过法国的2倍。在全国近500个岛屿中有100多个岛屿有人居住；星罗棋布的列岛之间，各种船只往来畅通无阻。整个丹麦有大小港口67座，其中哥本哈根是最大的港口。它水深港阔，设备优良，是水陆运输的枢纽，也是世界有名的一大良港。每年出入港口的船只达3.6万艘以上。丹麦一半以上的对外贸易都经由这里进出。

哥本哈根的市政管理很好。市政当局禁止在市民区兴建高层建筑物，极力保持哥本哈根的传统风格和风貌。同时，城市的设计者将那些残旧的建筑物拆掉，兴建了一幢幢阳光充足的新公寓和更多的园林绿地。现在，哥本哈根市民居住条件比世界上其他城市得居民要优越得多，环境优美得多。

哥本哈根的市民对他们居住的城市感到无比自豪。在饭店的旅行指南上这样写着："到了别的国家再忙着去睡觉吧！"意思是说，哥本哈根有看不完的名胜古迹，它让人不能睡觉也不想睡觉。

漫步在哥本哈根整洁的街头，市内新兴的大工业企业和中世纪古老的建筑嵯峨参差，多姿多彩。这既有现代化城市的风姿，又有古色古香的特色，还有安徒生描绘过的那种小屋，更把人带到童话般的境界。

那座闻名遐迩的蒂奥利游乐园就坐落在市中心，占地3.2万平方米。这里花木繁茂，步入公园如同步入现实的神话中。阿里巴巴清真寺，红墙绿瓦的中国式庙宇和宝塔，掩映在苍翠的树丛之中。在从哥本哈根到西兰岛北部的旅途上，可以看到许多古代的宫堡，它们或矗立在湖滨被森林包围着，或是被海水所环绕，婀娜多姿，各具风格。其中最著名的是克伦堡。它在哥本哈根市北面30千米的海滨上，建筑在伸进海里的一个半岛上。它原是古代

一个军事要塞，是几百年来一直守卫着这座古城的前哨，至今还保存着当时建造的炮台和兵器。登上宫墙,对岸瑞典的赫尔辛基依稀可见。莎士比亚的名剧《哈姆雷特》就是以克伦堡为背景写的。宫堡的墙上还嵌有纪念莎士比亚的一块刻石。

世界上有许多城市都有宏伟的象征性的建筑物，哥本哈根的象征就是那个小小的铜雕“美人鱼”。她是一个普通的少女，羞怯地坐在那里，若有所思地望着大海，脸上露出甜蜜的笑意。“美人鱼”的完美艺术形象和安徒生童话的魅力，吸引着成千上万的游客。他们总是在“美人鱼”前停下来，看一看她的风采，与她合影留念。

哥本哈根是一座舒适迷人的城市，它既有巴黎的雍容华贵，世界大都市的庄严雄伟，又有古老的情调和诗情画意，整洁、繁荣，却不露浮华和喧嚣。

这是一座让人着迷的城市，一个有诗意的海港。

海上天堂——阿特兰蒂斯

在浩瀚的大西洋上，700多个岛屿星罗棋布，组成了一个迷人的海岛奇观。这里的岛屿，个个都有特色，但究竟哪个最吸引人呢？许多人都看好巴哈马首都拿骚所在地——新普罗维登斯岛，但也有人唯独钟情阿特兰提斯。阿特兰提斯是一座古希腊圣哲柏拉图幻想中的神秘岛，据说曾被海水吞没，后来又跃出海面。40多年前，这块仅与拿骚一桥相望的风水宝地被南非旅馆业主索洛蒙·科茨奈发现。这位俄罗斯后裔以其顽强的奋斗精神，再次征服了阿特兰提斯。

索洛蒙从南非约翰内斯堡市郊一个贫穷小子，一跃而成为专营海边豪华宾馆饭店的大富翁，其发家的艰辛历程可想而知。当初他来到阿特兰提斯时，这里是一片荒凉的未开垦的处女地，海边仅有一座不起眼的小旅馆，但是很别致。索洛蒙独具慧眼，萌发了在此创造奇迹

海鲜餐厅

的灵感。他发誓要建造一座世界上独特的海洋公园。人们对索洛蒙的发誓议论得沸沸扬扬甚至不抱有希望，他却一鸣惊人，在不到一年时间里建起了一座世界级海洋公园。他堪称世界上建造游乐园的冠军，已实现了自己昔日的梦想。这座海洋公园总面积5.5万平方米，拥有6个环礁湖、1个好莱坞式游泳池，各具特色的溪流、飞瀑和浮桥，还有3万多株奇异的热带植物，由此构成了一幅风景优美的图画。每当游人慕名而来，置身于阳光下，面对大海、聆听棕榈树间鸟语之时，无不惊叹：这简直是上帝创造的一座举世无双的伊甸园！也正是这座海洋公园，加上南非“太阳城”“失落城”饭店和毛里求斯及科摩罗的系列宾馆，使索洛蒙跻身于世界十大饭店集团巨头之列。

人们之所以称阿特兰提斯为极乐岛，是因为这确实是一片神的乐土。当人们嬉戏于碧波荡漾的30℃的湖水中,或徜徉于法国式的花园，或伴着阳光在白沙似雪的5000米长的海岸上怡然自得地舒展肢体之时，其乐融融，令人流连忘返。海洋宫尤其令人啧啧称奇，当你置身于一条足有30米长的水下玻璃隧道，就仿佛进入了一个斑斓多彩、光怪陆离的海底世界；迷宫般的洞窟上，镶嵌着奇形鱼缸，展示了150余种海洋生灵，如海龟、海虾、鲨鱼以及巨型鳐鱼、凶猛的海豹、海狮、虎皮鲨均在其中优哉游哉。整个海洋公园以“捕猎者”环礁湖为轴心，设计者巧妙地将娱乐融入人们的环境保护意识之中，给人以科学的启迪。这个令人称绝的环礁湖，展现的是人们在海底珊瑚群中无法见到的奇景。深海鱼类极为罕见，每当捕到后，都要在海洋生物学家亲自指导下，首先放入巨型鱼缸中适应一段时间，然后才放入湖中。美国著名的鲨鱼专家和海洋公园主任便是这个公园的终生顾问，在他们的监督下，定期对地下室特定实验室实施昼夜检测、随时更换。因此，这个公园不失为海洋科研中心。

为使阿特兰提斯成为顶尖的旅游胜地，阿特兰提斯人费尽心机，建造了许多各具特色的海洋楼、环礁湖楼、海滨楼、沙洲俱乐部、海洋俱乐部、水上别墅和游乐中心。度假者大可根据自己的兴趣，任意挑选,尽情领略这巧夺天工之佳作。海洋公园为了使旅游者能品尝到各种风味佳肴，开办了许多各具特色的海鲜餐馆。早上可到海藻餐厅，那琳琅满目的佳肴无异于一件件工艺珍品；晚上更为精彩，有巴哈马俱乐部的地方风味烹调，马尔提尼

克咖啡馆的法国大菜，玛玛鲁兹酒家的东方盛馔，以贝壳为屋顶、鲨鱼游弋的环礁酒吧的生猛海鲜。这里还专门为贵宾们安置了一个享乐小天地——富丽堂皇的袖珍饭店，它位于大洋与花园之间的幽静处。

海洋体验——海洋公园

1977年初建成的香港海洋公园，坐落在香港仔黄竹坑道。其构思之新，规模之大，内容之广，设施之全，完全可以与世界上任何其他著名的同类公园，如夏威夷海上动物公园、美国的圣迭戈海洋世界水族公园等相媲美，且有过之而无不及。其独到之处远远超出人们头脑中的“水族馆”“水族公园”和“海上动物园”的模式，它集教育、展览及游乐于一身，成为目前东南亚地区最大型的综合康乐设施。香港海洋公园新奇宏伟的结构，绝妙多彩的设备，使每个到此一游的人，无不断言它是异想天开的产物。

走进香港海洋公园的海洋馆，犹如置身于浩瀚的汪洋之中。海洋馆是“龙宫”的主建筑，不论建筑规模，还是水族品种数量，均堪称亚洲之最。这里生活着400多种共5000多尾鱼。这些龙子龙孙，是海洋馆中的望族大户。珍奇罕见的大王乌贼，怒目舞爪的大章鱼，以及神仙鱼、石斑鱼和大海龟等也汇集于此，供人欣赏。游人围绕着馆内四层通道，就可以观赏豹纹鱼和海鳗绝美的游姿。海洋馆内还设置了珊瑚礁展室，那白如冬雪、红似烈焰、像树枝、犹如花朵的千奇百态的珊瑚，向人们演绎着海洋生态和珊瑚礁的形成。在新竣工的鲨鱼水族馆内，人们可以欣赏到40多种深海霸王鲨鱼的雄姿威仪。特别令人生畏的是，人们能够看到潜水员与鲨鱼和章鱼在水下搏斗的精彩场面。

海洋公园中的辽阔水域，就是海洋剧场。在那碧波荡漾的大舞台上，活跃着一群演技高超的明星，它们均经过严格的训练。一条身躯庞大、名叫“海威”的杀人鲸，是

海豚表演

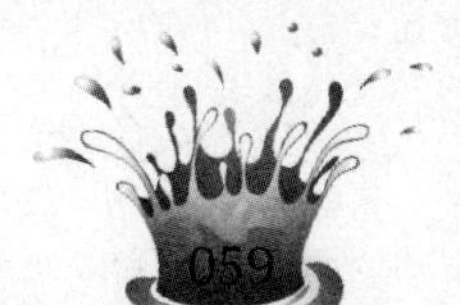

深受观众钟爱的主角。它时而腾空而起，溅起浪花朵朵；时而轻潜水底，掀起碧波重重。敏捷的动作，优美的游姿，着实令人叫绝。那人见人爱的海豚，在海洋剧场可称得上是红得发紫的大明星、台柱子。它们或钻圈，或跳跃，或与姑娘亲昵，或与孩童嬉戏，精彩的表演，常常赢得一阵阵掌声。剧场中那推陈出新的独有剧目，迥异于国际上一般水族馆的俗套表演，更是令人百观不厌，回味无穷。百鸟居岂止百鸟，足有3000只飞鸟在这里展翅翱翔。光彩的孔雀，耀目的红鹤，艳丽的鹦鹉均是这里的明星。

除了这类固定的海洋公园，近年来又出现了海上活动公园。这种活动公园把人们带到更理想的境地。

你知道吗

中国最早的水族馆

青岛水族馆建馆已有70多年的历史。1930年秋，中国科学社的蔡元培、杨杏佛等科学家提出筹建青岛水族馆的建议。经多方呼吁，青岛水族馆以中国海洋所的名义筹建成功，蒋丙然为第一任馆长。水族馆占地10余亩（1亩＝666.7平方米），主要建筑的造型为中国古城垣式，4层。建成时内设标本室3间，活动海水玻璃展览鱼池18个，露天鱼池2个，以及研究室、陈列室、贮水塔等。1932年2月青岛水族馆竣工，1955年更名为青岛海产博物馆。

水族馆

海上活动公园出现在20世纪80年代后期，它实际上是一艘巨型旅游船。不过，一般的旅游船是充当不了“海洋公园”的使命的。

目前世界上最豪华、可以称之为“海洋公园”的旅游船是挪威人设计、由法国建造的“海上君主”号。

“海上君主”号属于挪威皇家加勒比旅游船公司所有，1987年2月下水，同年12月交付使用。1988年1月15日，美国前总统卡特的夫人用世界上最大的高达0.9米的香

槟酒瓶为这艘船剪彩。这艘被用作“海洋公园”的旅游船是够庞大的，船长 268.3 米，从龙骨到烟囱全船高度为 60.5 米，排水量是 3.43 万吨，可载游客 2.282 名。

海上游轮

为了让游客确有进了公园的感觉，“海上君主”号上设置了多种娱乐场所。餐厅、酒吧、剧场、休息室、图书馆、赌场、迪斯科舞厅、商店、游泳池、运动场等应有尽有，另外还设有观赏厅，观赏厅空间贯通 3 层甲板，有 900 个座位，游客可在这里观赏音乐演奏和文艺演出。

在这个海洋公园里，人们还可以看到海上旅游区的壮丽景色，呼吸带有海味的新鲜的海洋空气，这里绝少污染。这对在拥挤的城市生活腻了的人来说，上了这个“公园”，心情自然是非常舒畅的。

自“海上君主”号成了海洋公园以来，许多富有的国家纷纷效法，以吸引国内外游客。近来，又有人提出了建造比“海上君主”号更大、更豪华的“海上公园”。

中国的台湾对发展旅游业很是热心。台湾的“交通部观光局”也计划建造一座海洋公园，不过，这座公园不是活动的。他们计划建在距台北约 20 千米处的“东北角海岸风景特定区”，在龙洞湾与印澳湾之间约 20 千米的海岸线上建造水族馆和水上观望台、冲浪运动场等娱乐场所。这项工程的完成，将为人们在海上娱乐提供美好的场所。

日本也不甘落后。这个汽车出口大国，近年来汽车出口生意受到冷落，于是，用于出口汽车的汽车运输船也出现过剩状态，这使日本有关方面的人很伤脑筋。但是，这个聪明的民族不想浪费他们的设施，造船、海运、地方自治体、地方渔业等部门提出了利用旧汽车运输船建造海上公园的设想。

公园建在濑户内海的岛屿区域，建设以海上钓鱼为中心的海洋娱乐用的浮动结构物，过剩的汽车运输船用于建造人工岛礁，他们决心使这一区域成为对垂钓者富有魅力的钓鱼公园。

早在 1970 年，日本就指定了 10 个地区为海洋公园保护区，它包括和歌县的串本，熊本县的富冈、

水下公园

天草、牛深，鹿儿岛县的樱岛、佐多岬，高知县的足摺岬，爱媛县的宇和海，左贺县的玄海，宫崎县的日南等海岸。这些地区有丰富的珊瑚、热带鱼、海草和多姿的海岸。

最有名气的是日本东京附近的海底封闭式水下公园，该公园采用透明的玻璃屋顶，人们可在室内看到奇妙的海中世界。

日本还在白滨、歌山、冲绳等地的海滨公园建立了海中观光台，观光台离岸 100 ~ 200 米，有栈桥与陆地相通。

加拿大今天的经济大部分依赖海洋，因此，加拿大人对海洋极为爱护，他们保护海洋特殊区域的措施是建立国家海洋公园。如 1987 年建造的位于休伦湖佐治亚湾的法汤姆法夫国家海洋公园，面积达 130 平方千米；位于皇后夏洛特岛南端的南莫尔斯比国家海洋公园，1992 年建成；准备新建的海洋公园有圣·劳伦斯河口的萨洛奈、芬迪湾的西伊斯莱斯和北极地区南部的兰开斯特海峡。

加拿大人之所以建这么多海洋公园，目的是为了保护海洋资源，并不全是为了游玩、娱乐。对于加拿大来说，无论是在大西洋沿岸和太平洋沿岸丰富的渔业资源，还是连接内陆的通海航运，以及大陆架下的石油和天然气资源等等，都是支撑国民经济的重要支柱。因此，加拿大人希望通过建造海洋公园，给公众提供一个认识海洋、欣赏和享受海洋自然资源的机会。

加拿大人为此还专门制定了加拿大国家海洋公园政策，对国家海洋公园的规划、管理、建设、服务等做了详细说明，以期使加拿大永远有一个美好的海洋环境。

美国有 14 个国家海洋公园和湖岸公园，内设海洋剧场、海洋馆等。人们不仅用来娱乐，还可从中学习和研究海洋科学知识。

荷兰鹿特丹市于 1985 年 8 月建成了一座海洋乐园，这是世界上第一座纯中国风格的综合性水上游乐场所，该乐园是用两条驳船连成的一座中国宫殿式的建筑，里面设有

中国餐厅，还有按照北京、上海、杭州、桂林等地的名胜古迹制成的实物模型，仿佛使人置身于中国的湖光山色之中。

意大利约建有500个海滨旅游中心，利古亚海东岸的维亚雷焦就是一座有名的巨型海滨游乐和体育运动俱乐部，这里有许多海上体育训练中心，中心配有各种类型的海上游览和体育运动机械，旅游者可在此掌握各种海上体育运动技巧。

俄罗斯的大彼得湾是世界上第一个海洋自然保护区，它包括8个小岛，水域面积共计630平方海里，水域中生长着大约30种海藻和种类繁多的海洋动物，在8个小岛上分布着千姿百态的岩壁、海礁、山洞，并栖息着各类海鸟。

西班牙南部滨海地带的唐那公园是西班牙最大的国家公园，占地7.7万公顷。海滨沼泽地约占唐那公园面积的一半，是欧洲最主要的鸟类栖息地之一，许多冬季移栖的动物也在这里居住。

澳大利亚的“大堡礁海洋公园”在1981年刚划定时只包括1.18万平方米的珊瑚礁、岛屿及水域，目前面积已达3万平方千米，预计不久将会延至澳大利亚东北2000千米的海岸，面积达20万平方千米。大堡礁内约有400种珊瑚礁和150种鱼类，珊瑚礁里有大量的绿海龟和红海龟，在加帕勒角尼亚处约有300万只海鸟。

中国的海洋公园也迅速发展了起来。

1984年，中国用“明华”轮在蛇口建立了第一个海上旅游中心——“海上世界”。同年，中国又买进了意大利制造的“玛利亚皇后号”，经过装饰打扮后，停泊于厦门鼓浪屿海面，游轮长125米，宽20米，水上高度33米，共有700个床位，甲板上设有“观海茶座”和“日光浴场”，这是中国的豪华级游轮。这座海上乐园，常常吸引一些青年在这里举行“海上婚礼”。1985年，中国开始在大连兴建国内第一座以海岸地质风光为主的海石公园。园内有长达数千米的奇礁异峰。游人还可在此观赏日出、日落及广阔的海岸风光。坐落在海底透

海上世界

三亚风光

明大厅里的水晶宫，给人们展示迷人的海底风光。1982年，中国把位于广东省电白县博贺镇南约8海里的放鸡岛选为第一个潜水旅游区。这个岛面积是1.9平方千米，岛北面为细沙海滩，南面巨石林立，岩崖陡峭，海坡潮稳缓、明清透彻，有各种各样的鱼类、龙虾、海蜇、贝壳、海树等，再加上“水晶宫”般的水下胜景相陪衬，更令游人神往。位于青岛海滨鲁迅公园内的水族馆已有几十年历史。1984年，中国又在长岛县的庙岛建成了中国第一个“航海博物馆”。

中国的海洋娱乐设施不断增加。

海南省三亚市有一个中国规模最大的潜水旅游度假中心，这个度假中心以小洲岛为基地，以鹿回头湾、大东海、小东海和天涯海角5个附近海域为潜水旅游点。这里海水清澈，海底生长着千姿百态的珊瑚、海贝、海螺、海参，可供潜水者观赏和采捕，白天水温一般在30℃以上，一年四季都可潜水、旅游，现已配备了水上摩托、水上旅游艇、旅游潜艇等，游客乘坐旅游潜艇可以透过玻璃窗欣赏海底的奇妙景色。

随着人类科技的不断进步和人类生活水平的不断提高，海洋公园的前景将是非常广阔的，人们在紧张工作之余，可以到海洋公园去寻找乐趣，消除疲劳和烦恼。

海洋公园也将向人类提醒：海洋是珍贵的，人类有保护它的义务和权利。

第四章
叹为观止的港口与码头

水陆在这里交汇，物资在这里流转：海港不仅是船舶停靠的港湾，还是港城兴起的基石，更是奔向世界的起点。海港的兴盛离不开海洋，海洋的繁荣又终归于海港。如今，依然繁忙的海港有哪些？这些海港的优势又在哪里呢？在本章内容中，我们一起了解世界上著名的港口与码头。

认识海港

1. 海港

港口是指具有船舶进出、停泊、靠泊，旅客上下，货物装卸、驳运、储存等功能，具有相应的码头设施，由一定范围的水域和陆域组成的区域。港口可以由一个或者多个港区组成。

港口按用途分，有商港、军港、渔港等；按所处位置分，有海港、河港、河口港等。

海港位于海岸、海湾或泻湖岸边，甚至离开海岸建在深水区域。位于开敞海岸或天然掩护不足的海湾内的港口，通常须修建防波堤，如中国的大连港、青岛港、连云港、基隆港等。供巨型油轮或矿石船靠泊的单点或多点系泊码头和岛式码头属于无掩护的海港，如利比亚的卜拉加港、黎巴嫩的西顿港等。泻湖被天然沙嘴完全或部分隔开，开挖运河或拓宽、浚深航道后，可在泻湖岸边建港，如广西的北海港。也有完全依靠天然掩护的良港，如东京港、香港港、悉尼港等。

码头由岸边伸向水域，供船舶

海港

灯塔

停靠、装卸货物和上下旅客之用，多数为人工修造的水工建筑物。

涉及码头的重要标准

码头泊位：除装卸货物和上下旅客所需泊位外，还需辅助船舶和修船泊位。

码头岸线：码头建筑物靠船一侧的竖向平面与水平面的交线，即停靠船舶的人工沿岸。它是决定码头平面位置和高程的重要基线，其长度代表同时靠码头作业的船舶数量，是港口规模的重要标志。

灯塔：用于引导船舶航行或指示危险的标志。现代大型灯塔结构体内有良好的生活、通信设施，可供管理人员居住，但也有灯塔无人值守。根据不同需要，灯塔设置不同颜色的灯光及不同类型的定光或闪光。灯光射程一般为15 ~ 25海里。

港口水域

港口水域主要包括港池、航道与锚地。

港池——码头前沿的水域。

航道——船舶进出港的通道，需满足水深要求。

锚地——供船舶抛锚停泊的水域。锚地底质为沙土或亚泥土较佳，利于抓锚。

2. 海港与航线

海港就像一块强有力的磁石，吸引货物，促进贸易，为资源互通、

经济增长源源不断地提供动力。资料显示，全球财富的50%集中在沿海港口城市，海港的力量无疑是巨大的。

从历史的演变看，港口最初只是单纯的交通中转，在水路与陆路的交汇处，货物大量聚集；之后，港口周边加工业开始蓬勃发展；当今，代理服务行业加入了港口辐射范围，国际贸易、物流为地区发展提供了新的动力；未来，全球资源配置势在必行,而海运的运量最大、效率最高、成本最低，海港日益成为全球资源配置的枢纽。

中国最早的海港

中国海港历史悠久，规模可观。在战国时期，中国就已有一批著名港口，琅琊台便是其中历史最久、规模最大的海港。琅琊古港是在今山东胶南境内夏河城东南琅琊湾中，中部水深3～5米，湾口约5.5海里。该处现在还有琅琊台遗址，曾留下“秦皇三幸”“汉帝两登”的佳话，湾中沐涫岛、斋堂岛相传为徐福东渡洗礼的地方。

倘若将海港比做珍珠，航线便似丝线，将海港串成美丽的项链。其实，航线更是一条条动脉，为世界各地输送着养料。

3. 世界主要海运航线

太平洋主要海运航线

远东—北美西海岸航线

远东—加勒比、北美东海岸航线

远东—南美西海岸航线

远东—东南亚航线

远东—澳大利亚、新西兰航线

大西洋主要海运航线

西北欧—北美东岸航线

西北欧—地中海、中东、远东、澳新航线

西北欧—加勒比海岸航线

欧洲—南美东海岸、非洲西海岸航线

北美东岸—地中海、中东、亚太地区航线

印度洋主要海运航线

波斯湾—好望角—西欧，北美航线

波斯湾—东南亚—日本航线

波斯湾—苏伊士运河—地中海—西欧，北美运输线

北冰洋主要海运航线

目前，北冰洋已开辟从摩尔曼

斯克经巴伦支海、喀拉海、拉普捷夫海、东西伯利亚海、楚科奇海、白令海峡至俄罗斯远东港口的季节性航线；以及从摩尔曼斯克直达斯瓦尔巴群岛、雷克雅未克、伦敦等地的航线。随着航海技术的进一步发展和北冰洋地区经济的开发，北冰洋航线也将会有更大的发展。

青岛五四广场

帆船之都——青岛

1. 一座城市与帆船的约会

伴随着 2008 年奥帆赛在青岛的成功收帆，“帆船之都”已成为这座城市一张烫金的名片,享誉世界。奥帆赛的成功举办，催生了这个中国现代帆船运动发源地的第二个春天。如今,青岛正借助奥帆赛的契机，打造自己的航海时代。

青岛与帆船运动渊源深厚。早在 1904 年，德国皇家帆船俱乐部就已开始在青岛汇泉湾举办帆船比赛。新中国成立后，随着国家体委青岛航海运动学校的建立，青岛成为中国航海运动的摇篮。中国海洋大学 49 人级帆船队首次出征 2008 年奥帆赛，角逐 49 人级帆船项目，更是具有开创性的意义。

青岛国际帆船周始创于 2009 年，每年 8 月的第 3 个周六开幕，为期两周，引领了社会公众参与帆船体验的热潮，人们学帆船、玩帆船成为社会休闲新风尚。期间的文化活动丰富多彩，除了开幕式，还有以帆船为主题的摄影大赛、夏日沙滩音乐节、文化美食节、体育电影展映等主题活动。

作为宝贵的奥运遗产，青岛奥帆中心已华丽转身为一个集帆船运动、旅游观光、休闲购物等功能于一体的青岛新地标。在被称为“最大奥运帆船百科全书”的奥运广场，我们可以看到郑和、哥伦布、麦哲伦等历史上伟大航海家的航行足迹和历届奥运会的举办地、年份及标志等。象征着世界友好和平的旗阵广场和五环雕塑，海天一色中折射出一种积极进取的奥运精神。

2. 泰山虽云高，不如东海崂

崂山是我国海岸线上海拔唯一超过千米的高山，因山海相连、山光海色的独特景致而被誉为“海上名山第一”。作为我国著名的道教名山，崂山自古就有“神窟仙宅，灵异之府”之美誉。相传秦始皇、汉武帝曾来此登山求仙，王重阳、张三丰等也多次到访修道。丘处机三顾崂山之后，山中呈现“九宫八观七十二名庵”的繁荣景象。太清宫是如今保存下来的中国规模最大、历史最悠久的道观。

大自然的雕琢使得崂山拥有我国东部最罕见的冰碛海岸、冰碛海滩、冰碛小群岛等典型的古冰川遗迹。山海相接处，岬角、岩礁、滩湾交错分布形成了瑰丽的山海奇观。登上崂山俯瞰大海，一边碧海连天，烟波浩渺；一边青松怪石，云雾缭绕，仿若置身人间仙境。

青岛啤酒节

不能不玩的青岛十景：青岛奥林匹克帆船中心、青岛啤酒街、汇泉湾、小鱼山、青岛海底世界、五四广场、东海路景观大道、崂山巨峰风景区、青岛极地海洋世界、金沙滩景区。

3. 青岛啤酒：与世界干杯

吃蛤蜊，哈啤酒（青岛人称喝啤酒为“哈啤酒”，是地道的青岛口音）是青岛一道独具生活气息的人文风景。尤其在夏季，路边的烧烤店里随处可见边吃蛤蜊边喝啤酒的人们，再细心观察，还会发现手提散装啤酒行走于大街小巷的男男女女。全国恐怕没有哪个城市会对啤酒如此执着与喜爱。

有人说：青岛是漂浮在两种泡沫上的城市，一种是大海浪花浪漫的泡沫，一种是啤酒激情的泡沫。1903 年，英德商人在登州路上创建啤酒厂时，也许不曾想到，百余年之后的青岛啤酒竟承载起青岛乃至中国的光荣与梦想。作为一个与城市同名的啤酒品牌，青岛啤酒早已深深融入这个城市的精神血脉。

青岛啤酒博物馆与国际海洋节

青岛啤酒博物馆是国内首家啤酒博物馆，见证了青岛啤酒的百年风雨历程。它坐落在青岛啤酒百年前的老厂区之内。整个博物馆分为百年历史和文化、啤酒生产流水线、多功能娱乐区三个参观游览区域。置身其中，青啤的百年历史便浓缩在眼前。

青岛国际海洋节是中国唯一以海洋为主题的节日。始创于1999年，举办时间是每年7月。海洋节是将海洋科技、海洋经济、海洋体育、海洋文化、海洋旅游、海洋美食等融为一体的节庆活动，承载着青岛人对大海的深情，表达了人们热爱海洋、亲近自然的美好愿望。

夏季的青岛游人如织。最让游客热血沸腾的莫过于赴一场狂欢的啤酒盛宴。始创于1991年的青岛国际啤酒节，在每年8月的第二个周末开幕，为期16天，是亚洲最大的啤酒盛会。来自五湖四海的人们，劲歌热舞，欢聚一堂，盛况空前。1999年青岛国际海洋节和2009年青岛国际帆船周的加入，更将这个城市的狂欢推向高潮。

早在20世纪初，青岛便以充满欧陆风情的城市风光享誉东亚。舒适优美的城市环境，使它成为一个名人荟萃和钟灵毓秀之地。1917年，康有为先生初临青岛时，发出了“青山绿树、碧海蓝天、中国第一”的赞叹。晚年移居青岛后，他在一封家书中再一次盛赞青岛：“碧海青天，不寒不暑；绿树红瓦，可舟可车。”由此，“红瓦绿树，碧海蓝天”便成为青岛城市风貌最富诗意的写照。

奢华巅峰
——迪拜

这里富有，石油储量丰富港口货运蓬勃发展；

这里奢侈，凡事追求极致，极致奢华、极致享受。

“世界之最”情节，令它名扬全球——迪拜！

迪拜是中东第一大港，连续3年被《亚洲货运新闻》杂志评为“中东地区最佳港口”，2001年被亚洲货运业（AFIA）评为“最佳集装箱码头经营者”，阿联酋最大的港口，世界集装箱大港之一。

迪拜港位于阿联酋东北沿海，濒临波斯湾南侧，地处亚、欧、非三大洲的交汇点，是中东地区最大的自由贸易港，尤以转口贸易发达

迪拜帆船酒店

而著称。它还是海湾地区的修船中心，拥有百万吨级干船坞。

迪拜港属热带沙漠气候，盛行西北风。年平均气温 20 ～ 30℃，最高曾达 46℃。全年平均降雨量约100毫米，12月至次年2月雨量最多，约占全年的 2/3。平均潮高：高潮为 2 米，低潮为 0.8 米。

迪拜港由拉什德港区和杰贝拉里港区两部分构成。杰贝拉里港是世界上最大的人工港，同时也是中东第一大港。迪拜港计划出台一系列计划，使其年吞吐量增加到 3000 万标准箱。

为建成全球性航运枢纽，迪拜港还将继续进行港口建设，开辟第三座人工港口，加大港口运营的技术含量，力争集货物吞吐港与物流信息港于一体。

迪拜港的集装箱年吞吐量雄踞中东地区首位，原因有三：得天独厚的地理位置——背靠阿拉伯广阔市场；港口使用费和码头费率是全世界最低港口之一；迪拜港不断增加投资改善码头设施，集装箱吞吐能力不断扩大，2004 年便跻身于全球十大集装箱港口之列。

迪拜不仅是通往波斯湾沿岸地区，也是通往南非、印度、中亚以及东欧的重要门户。为了更好地利用这种优势，迪拜市政府从 20 世纪 70 年代开始，大力推进港口开发和机场建设。

1970 年，迪拜港拉什德港区正式运营。1979 年，迪拜港杰贝拉里港区开始投入使用。迪拜市场需求大，除了石油不进口，其他货物都需进口，且每年进口货物的一半，直接留在拥有 1400 万人口的迪拜市及其周边地区，促使迪拜港成为波斯湾地区第一大港。城市经济的繁荣直接带动了港口吞吐量的增加。

与此相应，迪拜港建立的自由贸易区（拥有 25 万平方米仓储设备、2.1 万平方米冷库），吸引了来自世界各地的贸易商、发展商和投资商，也直接刺激了迪拜贸易和制造业的发展。

迪拜港不负众望，不仅集装箱吞吐量超群，更为中东地区经济发

展带来了前所未有的国际贸易发展良机。伊朗的石油资源开采和出口、沙特阿拉伯的石油化工和农产品出口等，都与迪拜港互补互利。

迪拜人，万事直追世界之最：世界上第一家七星级酒店、全球最大的购物中心、世界最大的室内滑雪场、世界最高的塔、世界最大的游乐园、世界最大的办公大楼……

源源不断的石油和重要的贸易港口地位，为迪拜带来了巨大的财富，如今的迪拜俨然成为奢华的代名词。

欧洲门户——鹿特丹

鹿特丹港地处北纬51°55′，东经4°30′，它有得天独厚的地理优势。鹿特丹位于荷兰西部北海沿岸，莱茵河与马斯河汇合口，地处北海航运要冲，扼西欧内陆通海咽喉。鹿特丹腹地范围广及西欧，并涉及北欧、中欧和东欧部分地区，因而鹿特丹素有“欧洲的门户”之称。尤其是荷兰、德国、比利时的重要工商业中心都在以鹿特丹为中心、半径为500千米的范围内。这样工农业高度发达、贸易繁荣的广阔经济腹地，是鹿特丹赖以发展的基础。鹿特丹是一个海港，它距北海18千米，通过一条名叫“新水道”的运河与北海相通。同时它又是个河港，处于莱茵河、马斯河和斯海尔德河三河汇合处；这些河流又以运河与其他河流相通。莱茵河是欧洲运量最大的国际航道，一条莱茵河相当于20 ~ 30条铁路的运量。此外，鹿特丹还有多条高速公路、铁路、石油管线与西欧稠密的陆上交通网相连。

按港口水域在寒冷季节冻结与否，港口可分为冻港与不冻港，鹿特丹港属于不冻港。它虽处于温带，

鹿特丹

但属于典型的海洋性气候，冬温夏凉，7月的平均气温为18 ~ 19℃，1月的平均气温为2 ~ 3℃，北大西洋的暖流将大量的温水送到欧洲海岸,使得鹿特丹冬季得以驱散寒冷。这样，鹿特丹一年四季港口不冻，轮船畅通无阻。良好的气候条件也是使鹿特丹成为世界第一大港的有利条件。

荷兰艾瑟尔湖工程

荷兰是一个水乡之国，人多地少，地势低洼，在向大海要土地的过程中，荷兰人建成了世界闻名的艾瑟尔湖工程。荷兰须德海围海造地大坝是荷兰近代最大的围海工程。须德海原是一个深入内陆的海湾。湾内岸线长达300千米，湾口宽仅30千米。1932年，荷兰人民筑起宽90米，高出海面7米的拦海大堤，把须德海湾与北海大洋隔开。此后，不断地把湾内的海水抽出，到1980年，造地26万公顷(2600平方千米)。剩下的大约一半面积也改造成了一个巨大的淡水湖。这淡水湖就是艾瑟尔湖。

鹿特丹港拥有世界第一流的港口设施，并使用一套科学的管理方法来进行指挥调度，这是使其成为世界第一大港的最重要因素。鹿特丹港是当今世界上具有代表性的现代化大港之一，配备有先进的港口设施。一般而言，港口分水域和陆域两大部分。港口水域包括进港航道、港池和锚地；港口陆域岸边建有码头，码头的多少以泊位来计算；岸上则有港口库场、港区铁路和道路，并配备有装卸和运输机械以及其他各种辅助设施，这些统称为港口设施。鹿特丹港有世界第一流的港口设施，鹿特丹港区自市中心附近向西一直伸延至河口，由新水道与新马斯河相连的长达32千米的航道直通北海。入海口低潮平均水位21 ~ 22米，这样可保证进港航道有适当的深度，以接纳大型船只。港区面积达100平方千米以上，水域29平方千米以上，其中海船水域21.48平方千米，内河航船水域7.6平方千米。共分7个港区、40多个港池，码头岸线总长37千米。

1947 ~ 1974年，在新水道建成了三大港区，入海口以上18千米的范围内，是港口的主体部分。它们自东而西分别是博特莱克、欧罗波特和马斯低地港。港区设有客运、杂货、散装、石油、粮食等多种专业码头和集装箱船、滚装船、载驳船作业区，并在修建过程中，采取

了填海筑陆、开辟港域、疏浚航道和港池等一系列重大工程技术措施。

船只进了鹿特丹港，装卸快，泊港时间短，绝对不会出现压港现象，只能是“码头等船”。鹿特丹港共有651个泊位，同时可供600多艘千吨位、万吨位的轮船停泊作业，这是形成“码头等船”局面的一个有利条件。另一个便利条件就是码头的专业化，因为专业化可以采用高效专用机械和运输工具，可以合理布置仓库货场和交通线，大大提高装卸效率、码头利用率和船舶周转率。码头的专业化反映了鹿特丹港管理水平十分先进，装卸作业的机械化、自动化程度很高。鹿特丹码头的专业化可按货物分为石油、煤、矿砂、杂货、粮食、鱼肉、蔬菜等各种专用码头。例如，这里的矿石运输码头是欧洲最大的矿石码头，可以停泊28万吨的矿石船，码头上的大铲斗一铲就可以铲起30吨矿石；矿石从船上铲起通过传送带一直运到储存场，一昼夜可卸下7万吨矿石。在石油码头，从一艘30万吨的油轮内抽出石油到储进石油联合企业为止，只需20小时。为了迅速集中和疏散货物，鹿特丹港致力于发展海陆空联运，在港区内外，使“血脉畅通”，外有水路、铁路、公路和航空线与腹地及国外相连；港区内本身有交通网同港外交通网相联系起来，光鹿特丹港区内铁路就长达410千米。除了配备有先进的港口设施外，鹿特丹港还依靠一套科学的管理方法来进行指挥调度,采用电子计算机集中管理。在鹿特丹港口的出海口荷兰角上有一个交通控制中心，这里是指挥全港运行的中枢神经。这个交通指挥中心设有9个雷达站，监视着船只的进出港情况，管理人员坐在荧光屏前就可以清楚地看到全港活动情景，通过无线电进行导航和调度。

毋庸置疑，近110万人口的鹿特丹能够成为世界第一大港，还因自由港的政策在起作用。按对进口的外国货物是否办理报关手续，港口可分为报关港和自由港：报关港

繁忙的鹿特丹码头

要求进口的外国货物和外国人向海关办理报关手续；自由港对船舶来港装卸货物,以及货物在港区加工、贮藏等不要求交纳税款，也不经海关人员的检查。建立自由港的目的，在于发展过境贸易，吸引外国船只或货物过境，以获取运费、堆栈费、加工费等。荷兰人不把鹿特丹当作自由港，但实际上它比自由港更自由。它的货源75%是转口，港区设“保税仓库”，专供待售和转口货物整船寄存，仅收仓储费用，免征关税。海关给货主很大方便，在手续上尽量适应各国商人过境、转口和分销的要求,除了毒品和军火外，几乎什么商品都能自由出入，不受种类和数量的限制。世界各国的厂商都把大批货物寄存于保税仓库内，根据市场行情变化适时抛出，或者待机转口到别的国家去。

近年来每年进港的远洋船只3.5万多艘，平均每16分钟就有一艘远洋轮船进港或出港；定期驶往这里的班轮达12500航次之多，其中驶往北美洲的有1450航次，南美洲370航次、地中海1250航次、非洲1250航次、西欧2470航次、澳大利亚300航次。每年，鹿特丹港还接待30多万艘内河船舶。鹿特丹港的年货物吞吐量，即港口1年内完成的水运转陆运、陆运转水运和水运转水运的货物数量总和达3亿多吨，堪称世界第一大港。

博采众家——伊斯坦布尔

伊斯坦布尔横跨亚、欧两陆，沟通欧、亚、非三洲，北达黑海，南接地中海，西望欧洲，东临亚洲。就如拿破仑所言：如果全世界是一个国家的话，那么它的首都肯定就是——伊斯坦布尔！

1. 欧亚非枢纽

伊斯坦布尔港是土耳其最大的港口，位于土耳其西北部博斯普鲁斯海峡南端，横跨亚、欧两洲，控制着从地中海经马尔马拉海去黑海的“黄金水道”。博斯普鲁斯海峡全长29千米，北口最宽约4千米，中部最窄690米，最深处约80米，最浅处27.5米，各种船只畅通无阻，是黑海沿岸国家通往爱琴海、地中海唯一的海上要道。

伊斯坦布尔港共40多个泊位，年吞吐量1000万吨以上，集装箱5万余标准箱，主要进口货物为煤、铅、铜、锡、木材、牛油及工业品等，出口货物主要有羊毛、棉花、烟叶、丝、水果及地毯等。

伊斯坦布尔港共有两个码头，

一个是位于欧洲部分的康普特码头（亦称马达斯码头），另一个是处于亚洲部分的海达尔帕夏码头。后者为政府港口，通关手续烦琐。

伊斯坦布尔港属亚热带地中海式气候，东北风盛行。每年有雾日36天，全年平均降雨量500毫米，潮汐变化甚小，港况优良。

伊斯坦布尔港地理位置十分优越：放眼西望，欧洲大陆近在咫尺；东部帕米尔高原之外，丝绸之路延伸；南接地中海，北可达黑海沿岸各国，从海上可通欧、亚、非三大洲，名副其实的洲际交通枢纽。

2. 兵家之地

极其优越的地理位置，极其便利的交通条件，不仅为伊斯坦布尔港提供了极大的生存发展空间，也极大便利了伊斯坦布尔的经济发展。

公元前667年，希腊人来到伊斯坦布的欧洲部分，称为拜占庭，后被罗马人攻占。公元330年，罗马首都迁至拜占庭，并将该城更名为君士坦丁堡。395年，罗马分裂为东、西罗马帝国。君士坦丁堡成为东罗马帝国首都1453年，土耳其军队攻占君士坦丁堡。君士坦丁堡被定为奥斯曼土耳其帝国首都，改称伊斯坦布尔，意为“伊斯兰之城”。1923年，土耳其共和国成立，首都

夜晚的灯塔

由伊斯坦布尔迁到安卡拉，至此，伊斯坦布尔作为首都的历史结束。

虽然历经多次权力更迭，依托良港，伊斯坦布尔非但没有萎缩，反而成功演绎土耳其“心动之地”的角色，出落成土耳其最大的城市和工商业中心。

3. 东西兼容并蓄

3000多年间，伊斯坦布尔沉淀了深厚的历史文化底蕴。希腊—罗马—土耳其的转换，为伊斯坦布尔披上了基督教和伊斯兰教的双重色彩；欧、亚、非三洲枢纽的地位，使伊斯坦布尔得以汲取各民族思想、文化、艺术之精粹，东、西方思想文化在此交汇融合，华彩奕奕。

在众多的文化精粹中，最为著名的是奥尔罕·帕慕克自传体作品。

作者凭借此书获2005年诺贝尔文学奖提名与2006年诺贝尔文学奖。对作者而言，伊斯坦布尔一直是一座充满帝国遗迹的城市。阅读此书，目睹个人失落的美好时光之余，传统和现代并存的伊斯坦布尔历史及土耳其文明的感伤更是纤毫毕现。

梦想起航——纽约

纽约位于美国东北部的大西洋岸，正好处于哈得孙河注入大西洋的河口处。近年来，纽约港的货物年吞吐量都在1.4亿吨以上，约占美国全国港口总吞吐量的40%以上，每天都有七八十艘来自世界各国的大型船舶出入于此，成为美国第一大港和世界第三大港。纽约港是美国、加拿大、墨西哥的外贸门户，港口腹地广大，公路网、铁路网、内河航道网和航空运输网四通八达，由此可通往美国各地以及加拿大和墨西哥等。纽约港管理水平十分先进，装卸作业的机械化、自动化程度很高，港区内大部分使用电子计算机调控与管理，能迅速地处理多种进出口物资，是当前具有代表性的现代化大港。纽约港是世界上不冻深水港之一，港口自然条件十分优越。它有纵深的港湾，口袋形的入海口。布鲁克林区南端东西走向的半岛部分，很自然地成为纽约港的天然屏障。从哈得孙河与东河沿岸，直到大西洋沿岸，有很长的码头。宽广的哈得孙河，由于上游水土流

华尔街

失很少，水流也很平稳，河流入海处的泥沙淤积较少。港湾内具有深、宽、隐蔽、潮差小、冬季不冻等优点。港区一般水深 15 ~ 20 米，有的主航道深达 25 米左右，20 万吨的巨轮可以自由出入，5 万吨以下的轮船可以进入哈得孙河作业区。

按照货物种类、岸线码头特征和航道的深浅，纽约港区码头可分为三种类型：一类工业码头。主要分布在新泽西州，即哈得孙河的西岸与上纽约湾的西岸，其次分布在布鲁克林区的西南岸和东河的东岸。主要是大型海运码头与集装箱码头。大批的原材料与工业产品集中在这里疏运。一类是杂货与散装码头。主要分布在哈得孙河的东岸，靠近曼哈顿岛的商业区与生活区，其次在曼哈顿岛北部的东河北岸，靠近布朗克斯区。再一类是客运码头与旅游岸线。主要集中在曼哈顿岛闹市区附近，如四十二街西头，有游船码头。参加过第二次世界大战的航空母舰，仍停留在这一带，供游人参观。还有在曼哈顿岛南端和东河西岸联合国大厦附近，以及哈得孙河的华盛顿大桥附近等，都属于旅游区。这些地方现代化的旅游设施很多。

纽约也是美国运输业最发达的地区，港口与河运、铁路、公路和航空构成一个综合运输系统，计有 200 条水运航线、14 条铁路线、404 千米长的地下铁道、3 个现代化航空港以及稠密的公路网。纽约市有 14 条铁路干线与其他城镇联系，每天有 500 对列车进出各个站场，货运量很大，但客运量较少。纽约 3 个现代化航空港分别于新泽西城、昆士和长岛，其中长岛上的肯尼迪国际机场世界驰名。该机场约占地 21 平方千米，有 5 条长 4450 米、宽 45 米的高级跑道，客货运输十分繁忙，全美国 30%以上的国际客运和 50%的进出口货运都在这里进行。每天平均 2 分钟就有一架飞机起飞或降落，是世界上设备最先进、流量最大的现代化航空港之一。纽约市的地下铁路也很发达，地铁总长近 404 千米，车厢 7000 余节，每

伊斯坦布尔清真寺

天的客运量达420万人次，上下班高峰时全市的交通流量有7/10是靠地铁解决的。此外，市内公共汽车有4400多辆，每天客运量达24万人次。市区内还有198万辆私人小汽车。纽约无愧于美国最繁华的港口，也无愧于美国最大的港口。

远东狮城——新加坡

新加坡是东南亚最大的港口，国际自由港，东南亚海、空交通中心，海运事业和石油工业基地，也是新加坡共和国的首都。新加坡位于马来半岛的南端。在它的北面，有一条长1056米的花岗岩长堤和马来西亚的柔佛州相连，南面隔着16千米宽的新加坡海峡与印度尼西亚的廖内群岛相望，东临南海，西南濒马六甲海峡，地理形势和战略位置十分重要。它扼守太平洋与印度洋之间航运要道的出入口，也是亚洲、欧洲和大洋洲之间的重要国际航空中心，有“东方直布罗陀”之称，也有“远东十字街头”的美誉。

新加坡鱼尾狮

新加坡港内水深，有良好的天然屏障，潮差小。它是历史悠久的自由港，各国商船均可自由进出，在该港补给、修理、装卸、加工、转口，而不征收关税。现有250条国际航线，84个国家和地区的130多家公司的轮船往来世界各地的372个港口。每年进出港的商船5万多艘，总吨位3亿多吨。港口货物吞吐量近亿吨。

自由港

所谓自由港，是指不属于一个国家海关管辖的港口式海港地区。外国货物可以免税进出该港，也可以进行加工、贮藏、贸易、装卸或重新包装。自由港的范围，可以是某一港口的一部分，也可以扩大到港口的毗邻地区，即自由区。所以，自由港首先必须是海港，主要业务活动是贸易和转口，其特点是“自由”和“特殊”。

新加坡有6个港区，除北岸与马来西亚隔水相望的森巴旺码头区外，其余5个港区在岛的南岸，从东向西依次为裕廊港区、巴西班让港区、克佩耳港区、丹绒帕嘎集装箱码头区和直落亚逸港区，皆为深水港，一般水深8～11米，而超过10米水深的泊位区就有1万米以上，万吨轮不需候潮，可随时靠岸作业。全港共有39个远洋轮泊位，47个沿海轮泊位，南部岛屿还有70个油轮泊位。仓库面积84万平方米，露天码头堆场32万平方米。此外，在锚地有倒载的装卸作业，在巴西班让港区和直落亚逸港区有专门的倒载驳船码头。新加坡全国都是自由港，港中又有港。每年在自由贸易区内处理货物3000多万吨。可见，新加坡30%～40%的货物吞吐量属于转口贸易，通过重新整理、简单加工，获取大量仓储、转船收入。此外还设有出口加工区，先后引进外资15.5亿美元，兴办了1000余家工厂。

新加坡港务局总管全港，包括基本建设、经营管理、航行安全、公安消防等工作。港务管理工作中广泛应用电子计算机。办公室工作大量采用数字处理机和微型计算机，办公室与办公室之间采用信息电传，大大提高了港口管理效率。新加坡港常年采取每天24小时连续作业制。

新加坡共和国成立以后，大力推行现代化建设事业，国民经济不断发展，逐步形成了以制造业为主体的多元化经济结构。作为港口城市的新加坡以造船、修船、海洋石油勘探为主的海运事业在世界上占举足轻重的地位。它是苏伊士运河以东、日本以西最大的造船基地，世界第二大海上钻油平台生产中心，世界海洋探油服务中心之一。在这里从事海洋地球物理勘探、石油钻探的咨询、技术服务、供应等类厂商300多家，从业人员在万人以上，年收入超过2亿美元。造船厂有50多家，主要造1500～4000吨的中型船。有修船坞20多个，40万吨级船坞1个，30万吨级船坞2个，可以满足过往船只的修理需要。炼油是新加坡最大的和最现代化的工业部门，其产值占工业总产值的40%以上，日炼油能力15万吨。有7家大型炼油厂，是位列休斯敦、鹿特丹之后的世界第三大炼油中心。它从中东、印度尼西亚、马来西亚进口原油，加工为成品油，除就地供应过往商船外，又向日本、美国、澳大利亚和东盟各国出口。炼油工业带动了石油、化学工业，以炼油厂的中间产品生产的塑料、合成橡

胶、化纤、工业去污剂、溶剂、肥料等，足以供应本国、东南亚及太平洋地区各国。此外，新加坡的电子工业比较发达，其产值约占工业总产值的16%。不但可以生产各种晶体管、电子元件、收音机、电视机、家用电器、计算机等，而且还能为冶金、机械、造船、炼油、化工等工业配制仪表或检测工具。

信息潮流——西雅图

西雅图是美国西北部最大的集装箱港口，是北美通往远东的门户；率先完善集装箱港和集疏运系统；聚集了“波音”及“微软”两大行业巨头；散播着幽静绿意、自然气息——西雅图！

西雅图的金色黄昏

1. 集疏运先锋

西雅图港是美国距离远东最近的港口、美国第二大集装箱港、美国西海岸最大最高效的集装箱港口和货运中心，多种经营、多式联运非常发达。它与两条横跨北美大陆的铁路线相连，为北美大陆桥的西端桥头堡。

西雅图港面阔水深，面积达21.5平方千米，岸线长达85.6千米，水深大部分大于18米，潮差为2.7～5.5米，且风浪小，全年无冰冻，为少有的天然良港。

西雅图港的集疏运系统和现代化水平世界闻名。第一期西雅图一塔科马快速运输战略通道工程，即为公路、铁路和快速通道的立体交叉工程，促使流通更加安全、快速、准确。近些年，西雅图港又建造了最现代化的多式联运铁路调车场，大大简化了手续，缩短了货物中转的时间。

现在西雅图港连接着3条铁路干线、50多条航空线、40多条公路线和两条管道线等多种集疏运运输方式，保证了港口贸易大发展对集疏运的需要。强大的集疏运系统促使西雅图港成为著名的转口港——太平洋北部的门户港。

港区分内、外港两部分，港湾

阳光下的西雅图

与内陆湖港之间通过华盛顿航道相连，称为内港；外港则分布在埃利奥特湾南、东、北沿岸，远洋船多停靠在外港。

2. 相时而动

西雅图始建于1851年，1868年设镇，1869年设市，1893年“淘金热”浪潮来袭，西雅图壮大为美国大北方铁路的重要终端，当时恰逢巴拿马运河通航、思密斯湾码头及杜瓦米什水道得到开发，西雅图港迅速发展成为美国通往阿拉斯加的重要港口和世界上最大的海港之一。

第二次世界大战后，由于太平洋地区亚洲国家经济的崛起，世界经济重心由大西洋地区转移到太平洋地区，太平洋地区国家之间的贸易陡增；海上集装箱运输崛起，成为国际贸易货物运输的一种主要方式。西雅图港抓住时机，投巨资建设集装箱码头设备，并与亚洲之间装备复杂的通信网络，实现计算机自动化，凭此成功登上了集装箱大港的地位。与此同时，西雅图的飞机、船舶制造工业迅速发展——全世界最大的飞机公司“波音”总部、美国海军劳顿要塞均在此处。

时至今日，西雅图已成为太平

洋西北部商业、文化和高科技的中心。当今世界和美国经济主宰之一的微软公司总部亦位于此。

3. "绿宝石城"

西雅图气候湿润、四季如春，常年青山绿水环绕，被唤作蔚蓝海边的"绿宝石城"。这里有古老的冰川、活跃的火山和终年积雪的山峦。这里树木蓊郁，草地青葱，甚至清风、细雨都沾染了青绿的颜色。幽静的港湾、河流，掩映着色彩绚烂的街市。

秀美自由——奥克兰

新西兰是个四面环海的美丽岛国，由南岛、北岛两大岛和一些小岛组成，海岸线总长为6900千米，海域面积约363万平方千米，多天然良港。

新西兰最大的海港——奥克兰港，又称怀特马塔港，位于北岛北部的东海岸。"怀特马塔"在毛利语中意为"闪光的海水"。该港地处一个只有25千米宽的地峡上，将大部分北岛和北面狭长的半岛连接起来，是一个双面海港：西濒塔斯曼海，主要供吃水浅的船只同澳大利亚通航；东临太平洋的怀特马塔港湾，船只由此开往亚洲、美洲并取道巴拿马运河前往英国，地理位置得天独厚。

奥克兰港自然条件非常优越，尤其是怀特马塔湾外有岛屿构成天然屏障，港口有宽深的进水道，港内风平浪静，是理想的避风良港。奥克兰港主航道低潮时的最浅水位为11米。大潮变动范围2.9米，小潮变动范围1.9米，水深流缓，潮水涨落相差不大，可供大船避风和停泊。由于有良好的照明、浮标和灯塔设施，船只可昼夜进出港口。该港共拥有25个泊位：2个供集装箱船用，2个供滚轮活动船使用，12个供一般货船使用，1个供客船使用，3个供石油船使用，1个供化肥船使用，1个供水泥船使用，1个供粗糖船使用，还有2个搁置或修理。该港还有6个带有铁路支线的码头，各种仓库共6.3万平方米，露天货场面积超过5万平方米。

奥克兰港每年约装卸600万吨货物，吞吐量占新西兰进出口货物的60%。出口货物有肉类（牛、羊肉）、羊毛、乳制品、林产品、鱼类、水果和蔬菜等。进口货物有机械、交通设备、石油、石油产品、化工产品、食品和烟草等。

港口西端的另一边还有一个很大的游艇停泊处，叫威斯特哈文游

艇停泊处，停泊着数以千计的五颜六色的游艇。奥克兰人善于充分利用海港优美的自然景色和便利条件，尽情在海上开展水上运动和娱乐活动。他们有时在海上划艇，有时举行冲浪比赛，就像鱼儿离不开水一样，奥克兰人离不开大海。

因为奥克兰和广州结为姊妹城市，奥克兰港和广州的黄埔港将成为姊妹港，中、新两国的贸易货物将通过这两个港口直接海运到对方。

现在的奥克兰市区，主要围绕怀特马塔湾修建。港湾分南、北两部分，以奥克兰海港大桥连通。海港大桥于1959年建成通车，桥长1079米，桥面宽而平坦。圆拱形的桥身划过蓝天碧水，与周围五光十色的游艇构成一幅美丽的图画。

奥克兰在1840～1864年曾是新西兰的首都，现今仍是新西兰最大的城市，是新西兰经济、贸易中心和交通枢纽，人口约90万。新西兰全国有34.4%的工厂集中于此，主要从事食品、造船、服装、电器、建筑和机器制造等。此外，奥克兰还是新西兰的重要海军基地。

漫步于奥克兰最繁华的皇后大街，但见两旁高楼林立，富丽堂皇。建筑物既有南太平洋饭店摩天式大楼，又有19世纪末英国式建筑的电

奥克兰海港

信局,还有二三层楼的商店和饭店，错落有致，各具特色。大街上车水马龙，游人如潮。行人除白人外，还能看到许多毛利人。

奥克兰是个很有特色的海港城市。这里风景秀丽，四季如春。当地居民大多住在市郊，住房几乎都是一家一户的小洋房，以带游廊的平房居多。房子除屋顶外，全是雪白色。新西兰人口平均密度是每平方千米 12 人，地多人少，住得十分分散。

浪漫优雅——伦敦

因着“日不落”的沉浮，这里每一块砖石都积淀着历史的足迹；借着大文豪的羽翼，这里每一条水道都流淌着诗性的感想。它是英国第一大港，位列四大世界级城市之一——伦敦!

伦敦塔桥

伦敦港扼居大西洋航道的要冲，是整个不列颠群岛的物资集散地，连接西欧与北美洲的桥梁。

由于全国密集的铁路网和公路网在伦敦交会，铁路网继而与港口相连接，“伯明翰—巴黎—鲁尔工业区”等大工业区之间因伦敦港得以沟通。

伦敦港跨泰晤士河南北两岸，距河口 88 千米，是海轮通航的终点，水域面积达 207 万平方米。它包括三大港区：印度和米尔沃尔港区，可装卸各种货物,主要供来往北欧、南欧、西亚、东非和中美洲的船舶使用；蒂尔伯里港区，设有大型滚装船和集装箱码头，主要供来往南亚、西非、北美和远东的船舶使用；油轮码头，可停泊数十艘 10 万 ~ 20 万吨级油船。

伦敦港的船坞、码头沿泰晤士河的下游伸延达 50 千米，可同时停泊 150 艘船。拥有众多封闭式港群，为该港一大特色。

伦敦港以进口为主，长期以来一直是世界上较大的航运市场。世界主要的航运、造船和租船公司，都在伦敦设有代表机构。伦敦港码

头上还装备了世界上最先进的自动化管理系统——雷达计算机管理及检测系统。

虽然地处大不列颠东南一隅，但伦敦现代化交通发达，经济贸易活跃，是全球闻名的“金融城”“贸易之都”。

公元43年，在皇帝克劳狄的领导下，罗马帝国的铁蹄踏上大不列颠岛，泰晤士河北岸的一块土地被辟为通商港口，“伦敦城”雏形乍现。

公元9世纪，撒克逊王统治英国之后，伦敦成为英格兰最大的城镇，公元12世纪成为英格兰的首都。

到了海运昌盛的15～16世纪，伦敦扬帆远航，发展成为世界上最重要的贸易中心。1588年击败西班牙无敌舰队后，英国逐渐取代西班牙，成为海上新兴的霸权国家，开始不断扩张海外殖民地，获称“日不落帝国”。

18世纪60年代，英国首先兴起的工业革命给伦敦带来了机遇，伦敦迅速发展为世界大都市。之后的100多年间英国拥有世界最大的商船队，控制了世界海上贸易。为方便输出产品，输入原料和外来产品，伦敦东部陆续修建了多个大型船坞，航运业蓬勃发展。

第二次世界大战期间，德国空军密集轰炸，伦敦遭到战火重创。由于伦敦东部船坞区是伦敦一条物资供应线的开端，受破坏最为严重。

第二次世界大战后，经过恢复和发展，今日的伦敦与美国纽约、法国巴黎和日本东京并列四大世界级城市。

伦敦举手投足气韵严整，谈吐举止彬彬有礼，它或清晰严密，一板一眼认真无比；或浪漫恣意，抒情咏叹动人至极。它似乎略显冷漠内敛，却不减对体育的热情，它是现代足球的发源地，它三次获得奥林匹克运动会举办权。它迸发了无与伦比的绚烂文化——莎士比亚的剧作、拜伦的诗章、狄更斯的小说；圣保罗教堂、白金汉宫、威斯敏斯特教堂……

军港传奇

1. 兵家必争：亚历山大港

亚历山大港位于埃及亚历山大城的西部，北临地中海，距首都开罗180千米，是一座历史悠久的名港。它建于2300多年前，是以赫赫有名的亚历山大大帝的名字命名的。

刚建成时的亚历山大港就是一座繁华的名港。由于当时的埃及是地中海沿岸的最大粮仓，亚历山大港自然就成了这个粮仓出口的大门，

为了适应当时贸易集散和东西方文化等交流的需要，亚历山大大帝曾下令在港口修建了一条长约 1850 米的防波大堤，把距城北约 2000 米的位于海中的法罗斯岛同亚历山大港北边的大陆连接起来，形成了东西两个良好的港湾，供船舶停靠和检修之用。此后，埃及人民为了适应航海的需要，又在法罗斯岛上修建了一座高约 130 米的灯塔，即著名的亚历山大灯塔。

亚历山大港，作为一个重要的港口，一直成为军事家关注的要点。它是埃及首都开罗的北方门户，是连接非、亚、欧三大洲的海上交通枢纽，其战略位置十分重要，历来为兵家必争之地。亚历山大港不仅记载着它的兴建史，也记载着近代的战争史。在第一次世界大战中，亚历山大港曾是协约国在地中海本部的主要海军基地。第二次世界大战期间，该港又成为英国重要的海军基地。

亚历山大港，这一饱经风霜的古老港口，今天已经建设成为埃及人民自己的最大港口和海军基地。埃及海军司令部就设在这个基地内，该基地也是埃及海军力量的主要基地。亚历山大港为优良的深水海港，由“T”字形半岛分成东、西两港。东港为渔港，西港为军港和商港。港内建有能停泊各种舰船的码头约 90 座，总长近 2.6 万米，岸壁码头水深达 15 米以上。该港的年吞吐量

古老的亚历山大

为2740万吨，占全国进出口物资的90%。军港内还建有2座干、浮船坞，码头总长约2000米。

该港具有典型的地中海气候，夏无酷暑，冬无严寒，四季花开，环境优美，是人们参观游览的极好地方。因此，亚历山大城又有埃及的夏都和第二首都的美称。

2. 东方要塞：旅顺

军港，就是专门为军事服务的港口。我国有一座有“东方第一要塞”美誉的军港，它就是与大连毗连的旅顺。旅顺位于辽东半岛的最南端，与山东半岛遥遥相望，最近处仅有75千米。旅顺名称的来历，也颇有意思。旅顺原来叫作将军山，明太祖四年（1317年），为了平定这一带的元朝残余势力，皇帝派遣马云、叶旺两位将军带兵从山东渡海来到这里，一路平安到达，于是借旅途平顺之意，将这里改为“旅顺”。旅顺港内水域开阔，水深平均6米，可停泊多艘军舰船只。冬季的平均气温10℃左右，是我国北方著名的不冻港，战略地位十分重要。

旅顺扼渤海的咽喉，素有京津门户之称。鉴于它的战略地位和易守难攻的地形，从1880年，清朝政府开始在这里建立了船坞、炮台、仓库等重要军事设施，作为北洋军队的海军基地。到甲午战争前夕，经过十几年的不断建设，旅顺成为当时世界五大军港之一，有人称它为“东方第一要塞”。但由于清朝政府的腐败无能和海防观念的落后，旅顺港并没有真正起到保护国土的作用。随着甲午海战的失败，旅顺也落入了帝国主义的手中。新中国成立以后，于1955年正式收回旅顺。经过不断建设，旅顺在捍卫领土主权、维护海洋权益和维护社会稳定方面发挥着越来越重要的作用。

3. 二战传奇：珍珠港

在太平洋中部夏威夷群岛中的瓦胡岛南岸，美国夏威夷州首府檀香山以西10千米，有一座世界闻名的海港——珍珠港。提到它，大家肯定不会陌生——赫赫有名的珍珠港事件就是发生在这里。相传此地从前盛产带珍珠的贝类，该港因此而得名。珍珠港适合航行的水域有25.9平方千米，水深16米~20米。海湾分为东部湾、中部湾和西部湾3个部分，锚地开阔，中间有福特岛。海湾呈鸟足状展向内陆，仅有一条长4.5海里、宽160米的海峡与太平洋相连。这种地形便于驻地的海军控制太平洋中部地区，战略地位十分重要。

珍珠港

珍珠港原属夏威夷王国。1898年，美国吞并了夏威夷。此后，美国开始在珍珠港修建舰艇修理厂、干船坞、燃料供应站、码头和其他海军设施。1959年，美国宣布夏威夷为美国领土后，又在珍珠港增建了潜艇驻泊基地和训练设施，修建了机场和供海军飞机起降的各种设施。

现在的珍珠港可是一座功能齐全的现代化大型军港，也是美国的一个重要的海军基地。现驻有官兵及其家属4.48万人。美国太平洋驻军各司令部都设在这里。美国海军有40多艘战舰以该港为母港，其中包括19艘核潜艇、1艘导弹巡洋舰、4艘驱逐舰、9艘导弹护卫舰。驻在该基地的还有海军航空兵部队、海军陆战队、后勤保障部队，设有潜艇船员训练中心。此外，基地还办有两所小学和两所中学。

第五章
平衡再生的海洋粮仓

世界人口的不断增长，解决人类的吃饭问题越来越受到科学家的关注。近几十年来，科学家们不断地探索人类可能获得食物的各种途径，其中不少学者满怀信心地把希望寄托于海洋。海洋中有庞大的生物资源，海水养殖则有效缓解了陆地农田的不足，但是，海洋的开发难度又远在陆地之上。海洋生物资源的开发将是21世纪开发海洋的重点之一。

海洋粮仓——逐步实现的梦想

海洋里不能种水稻和小麦，海洋中的鱼虾贝介却能够为人类提供滋味鲜美、营养丰富的蛋白食物，海洋的生物多样性比陆上更复杂，这样的粮仓名副其实。

在自然界中，存在着数不清的食物链。在海洋中，有了海藻就有贝介，有了贝介就有小鱼乃至大鱼……海洋的总面积比陆地大1倍多。世界上屈指可数的渔场，大抵都在近海。这是因为，海藻生长需要阳光和硅、磷等化合物，这些条件只有接近陆地的近海才具备。海洋调查表明，在1000米以下的深海水中，硅、磷等含量十分丰富，只是它们浮不到温暖的表面层。因此，只有少数范围不大的海域，那儿由于自然力的作用，深海水自动上升到表面层，从而使这些海域海藻丛生,鱼群密集,成为不可多得的渔场。

海洋鱼群

海洋学家们从这些海域受到了启发，他们利用回升流的原理，在那些光照强烈的海区，用人工方法把深海水抽到表面层，尔后在那儿培植海藻，再用海藻饲养贝介，并把加工后的贝介饲养龙虾。令人惊喜的是，这一系列试验都取得了成功。

你知道吗

海洋牧场

海洋牧场是在一个特定的海域，应用海洋生物技术和现代化管理手段，建立的开发生产海洋生物资源的场所，以便有计划地培育、管理海洋生物资源。在这个特定海域里养殖海产品就像在草原牧场放牧一样，因而被形象地比喻为海洋牧场。

有关专家乐观地指出，海洋粮仓的潜力是很大的。目前，产量最高的陆地农作物每公顷的年产量折合成蛋白质计算，只有0.71吨。而科学试验同样面积的海水饲养产量最高可达27.8吨，具有商业竞争能力的产量也有16.7吨。

海鲜

当然，从科学实验到实际生产将会面临许许多多困难。其中最主要的是从1000米以下的深海中抽水需要可观的电力。这么些庞大的电力从何而来？显然,在当今条件下，这些能源需要量还无法满足。

不过，科学家们还是找到了窍门：他们准备利用热带和亚热带海域表面层和深海的水温差来发电。这就是我们在前面提到的“海水温差发电”。这就是说，设计中的海洋饲养场将和海水温差发电站联合在一起。

据有关科学家估算，由于热带和亚热带海域光照强烈，在这一海区，可供发电的温水多达6250万亿立方米。如果人们每年利用1%的温水来发电，再抽同样数量的深海水用于冷却,将这一电力用于饲养，每年可得各类海鲜7.5亿吨。它相当于20世纪70年代中期人类消耗的鱼、肉总量的4倍。

通过这些简单的计算，不难看出，海洋成为人类未来的粮仓，是完全可行的。

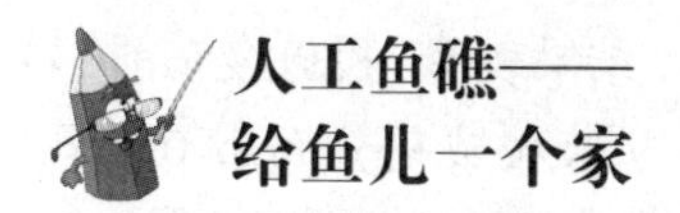

人工鱼礁——给鱼儿一个家

所谓鱼礁就是指适合鱼类群集栖息、生长繁殖的海底礁石或其他隆起物。其周围海流将海底的有机物和近海底的营养盐类带到海水中上层，促进各种饵料生物大量繁殖生长，为鱼类提供良好的栖息环境和索饵环境场所，使鱼类聚集而形成渔场。人们常常选择适宜的海区，投放石块、树木、废车船、废轮胎和钢筋水泥预制块等，以形成人工鱼礁，可诱集和增加定栖性、洄游性的底层和中上层鱼类资源，形成相对稳定的人工鱼礁渔场。它是保护和增殖近海渔业资源的一项有效

的技术措施。说到这儿，你知道什么是人工鱼礁了吧，其实，它的功能就有点类似于人们所搭的人工鸟窝，想想看，是不是一个道理呢?

从20世纪60年代初，美国的鱼类学家对鱼礁的效果作了认真研究，发现鱼礁周围的渔获量比附近天然鱼礁周围的渔获量要高2～3倍。有人在一个普通大小的鱼礁群观察到被诱集的鱼种类达120种之多；夏威夷瓦胡岛近海的混凝土鱼礁，在不到一年的时间里，渔获量竟增加了19倍。从1960年到1963年，人们调查了莫那尔湾的100辆废车鱼礁，结果表明：投放废车前，每100平方米水域只分布着0.3千克鱼，投放废车后，剧增到每100平方米14千克，增长42倍。

日本沿海的鱼礁集鱼效果也很明显。日本山形县1975年建造了2座双层伞形人工海藻浮鱼礁，材料成本分别为13万日元和23万日元，而当年在该海区的捕捞价值分别为118.7万日元和137.2万日元。在东京湾口设置了专门诱集真鲷的鱼礁后，每年可捕到30万～40万吨真鲷。

我国于1979年在广西北部湾试投人工鱼礁树，投放4个月后试捕，鱼礁水域渔获量高于对照海区1.6倍，建造费3000多元人民币，4个月的渔获价值已达8752元人民币。

由此可见，鱼礁无论是对捕捞，还是对保护资源，都是很有意义的。特别是随着200海里专属经济区时

建设人工鱼礁

代的到来，发展鱼礁事业以改善和扩大渔场是许多渔业国的当务之急。另外从长远的观点看，鱼礁的建设对恢复和发展渔业资源也是行之有效的。

水产资源学的鼻祖

约尔特（1869—1948）生于挪威，他在那不勒斯临海动物研究所开始了海产动物的研究工作。回国后，他开始从事水产基础科学的研究。1896年，他出版了《挪威渔业的水文生物学研究》。1900年，他在挪威的卑尔根创建了国立水产试验场。1900～1909年，约尔特出版了与他人合著的《挪威渔业和海洋调查报告》一书。1914年发表《大渔业的变化》一书，成为水产资源学上划时代的文献。

鱼礁与鱼群

人工鱼礁是经人工模仿自然又高于自然的人为工程，是对珊瑚礁场、礁群渔场的模仿和完善，并创造出超过天然系统的高产效应，是人工仿造的高产渔场。人工鱼礁多种多样，依形状而论，有正方形、五角形、八角形和多种形状的组合形等。单体鱼礁高度达5～7米，空间容积为130～225立方米，重量达22～24吨；多种形状的组合鱼礁，最大高度为10.5米，空间容积为423立方米，重量达68.25吨。依在海中所处位置分类，又分为沉鱼礁和浮鱼礁两大类。建礁水深一般为3～40米。日本的人工礁最深已达60米。

因为人工鱼礁的设置是一项永久性的基本建设，所以它的设计和构件要求既合理又标准。既要符合捕捞对象、诱集对象的生活习性又要符合人工建筑物的原理，且构件要求标准化、系列化，以便使人工鱼礁的建设施工容易、组装方便。日本自1958年研制成功组合式大型鱼礁以来，现有70多家厂商生产多种材料和多种结构、型号的鱼

礁。1989年，日本研制成功了一种新型人工浮动鱼礁，它装有光纤水下照明装置，用于诱集鱼群；装有各种声呐，用于监测鱼群活动；还有测量海水温度、盐度、海浪、风等的仪器和设备，并能随时把信息传输到岸上。目前，日本沿海新建人工鱼礁的总面积达3000平方米，还计划用10 ~ 15年的时间，在沿海建成5000千米长的人工鱼礁带，使日本海洋水产品产量达到年产750万吨。

苗种基地——鱼类的育婴房

如果说，鱼儿们将在海洋牧场中度过少年时代、青年时代……那么，苗种基地无疑就是它们成长的摇篮。

学过生物课的少年朋友可能都知道，鱼儿的“家长”对它们的后代往往漠不关心。它们将鱼卵随随便便地撒在大海里，任凭风吹浪打，任其自生自灭，毫不心疼。海洋牧场的设计者可不允许任意糟蹋这些未来的“居民”，人们希望它们顺利出生、健康成长。为此，人们办起了苗种基地。

鱼类的生育方式多半是体外受精，雌鱼把卵排在海洋里，等雄鱼射精后，受精卵就会变成一条小鱼。可是，这许许多多小鱼，能够长成大鱼的，实在少得可怜。因为在它们的生活道路上充满苦难、艰辛和危险，它们当中的绝大多数，要被无情的大自然和贪吃的大鱼所毁掉。正因为这样，大自然才把更多的子女赐给鱼儿的家长。一条雌鱼排出的卵通常有几百万、几千万甚至几亿个。生下这么多子女，任凭自然和敌害摧残，总能保住几条传宗接代的幸存者。

不过，对于海洋牧场设计师来说，这些幸存者实在太少了，远远不能满足他们的要求。他们希望把卵的孵化率提高些，再提高些。为了这个目的，在苗种基地里，有专为生育后代的鱼爸爸和鱼妈妈们设置的亲鱼池；有专门为海洋牧场“居民”接生、催情的人工孵化站，还有海洋牧场附属幼儿园——幼鱼池。

在亲鱼池里，饲养着许多身体极其健康的雌鱼和雄鱼，为它们创造特别适合产卵、孵化的条件，生活上也给它们许多特殊的待遇。

在接生站里，人们把雌鱼体内的鱼卵和雄鱼体内的精液分别轻轻地挤出来。有时，人们还不得不把怀孕的鱼妈妈的肚子剖开，取出鱼卵，再把鱼爸爸的肚子剖开，取出精液，尔后放进一个充满营养物质

的大玻璃缸内搅拌，然后放进一定温度的恒温箱里让它们孵化。

在苗种基地里，没有任何干扰，也没有任何敌害，绝大多数鱼卵都能变成小鱼。要是鱼妈妈肚子里的卵还没有成熟，就给它们打几针激素催情。它能促进鱼卵早日成熟。

鳗鱼卵就常常是不成熟的，要对它们作人工孵化，就必须进行催情。要使鳗鱼卵在生殖巢内成熟，这是比较困难的工作。人们每隔7 ~ 10天，就要给怀孕的雌鱼注射一次激素。一段时间后，卵逐渐变化，大约由直径0.331毫米增加到0.93 ~ 1.40毫米。这时，卵已经成熟了，可以开始人工孵化。

刚孵化出来的仔鱼，前几天或前十几天内还不会吃东西，靠自己身上的卵黄营养而生存，然后才能摄食浮游生物。如果人工投饵，就必须掌握适当的时机，否则，仔鱼就不能成活。各种鱼靠卵黄生存的时间很不一致，如观察它们摄食时的体长，也有很大区别。例如，香鱼和日本银带鲱吸收卵黄的时间只要一天，开始摄食时的体长分别为6.6毫米和4.8 ~ 5.0毫米。真鲷鱼、鱼和银鲳吸收卵黄的时间比较长，分别为3天、4天和5天，开始摄食时的体长分别为3.1 ~ 3.5毫米、5.1毫米和4.1毫米。

为了尽可能地使苗种成活，专家又为孵化出来的这些鱼苗开办了幼儿园——幼鱼池。把鱼苗养在那儿，精心照看，精心喂养。等它们长大成小鱼时，再让它们到海洋牧场里去自己谋生。

海水养殖——围网中的海洋“农场”

20世纪70年代以来，传统近海渔业资源出现衰退，促使海水养殖业发展较快。海水养殖是利用浅海、滩涂、港湾等水域饲养和繁殖海产经济动植物的生产，是水产业的重要组成部分。养殖的对象主要是鱼类、虾蟹类、贝类和藻类等。

海水养殖在中国历史悠久，传统的四大养殖贝类包括牡蛎、缢蛏、

鲟鱼苗种

蚶类和蛤仔，其中牡蛎早在汉代之前就已经开始进行养殖。

新中国成立后的海水养殖发展迅速，以海带、贻贝和对虾等主要经济品种的养殖带动了沿海经济的发展，成为沿海地区的支柱产业。至20世纪90年代，我国海水养殖鱼类进一步呈现出种类迅速增加、养殖模式多元化的态势。传统的海水鱼类养殖主要是港养和池塘养殖，主要养殖品种是鲻鱼。1980年以后，广东、福建、海南发展了海水网箱养鱼，鲈鱼、石斑鱼等10余品种发展较快。

海水养殖的优点是可以集中发展某些经济价值较高的鱼类、虾类、贝类等，并且生产周期较短，单位面积海域中的产量较高。

在我国人工养殖贝类品种中，有属于滩涂贝类的牡蛎、缢蛏、蚶类、蛤仔、文蛤等，也有属于浅海贝类的贻贝、扇贝、珠母贝、鲍等。

近年来，在我国发展的高殖海水养殖贝类品种有方斑东风螺等。东风螺主要分布于南海。为暖水性肉食性单壳类，栖息于数十米以内的泥及泥沙质浅海。

此外，中国海参纲动物有134种，可供食用的约有20种。食用海参中，除仿刺参分布在黄海、渤海外，其他食用种类多分布在南海。目前我国以黄海、渤海的仿刺参为主要

海水养殖

养殖品种，其他种类的人工养殖尚未发展。

养殖渔业开拓者加斯汤

加斯汤（1868—1949）生于英国布莱克本的医生家庭。在牛津大学动物系毕业后，就成为普利茅斯临海实验所的第一任所长助理，当时曾发表过《英吉利海峡近海表层流》《鲐的种族与洄游》《英吉利海峡浮游生物与海况》等论文。为了努力发展海洋养殖业，加斯汤曾率先采取放流有标记的比目鱼的方法，用来进行移植繁殖实验。当英国国立水产研究所宣布成立后，年近34岁的他就担任起所长的重任，是一位名副其实的养殖渔业的开拓者。

在海水养殖发展过程中，技术难度不高的海藻类产品养殖虽然起步较晚，却能够在世界范围内迅速推广。我国最早进行人工养殖的海藻类产品是“紫菜”。紫菜属有70余种，中国的紫菜约有10余种。紫菜大多生长在营养盐丰富、潮流通畅的潮间带，广泛分布在温带各地，热带与寒带较少，但南极也有紫菜生长。

收获的海带

另一种被广泛养殖的海藻类产品是海带。海带是北太平洋西部的特有地方种，原产于日本海、鄂霍次克海沿岸，属冷水性植物。我国养殖海带是从日本移植而来，中国北方和日本沿海自然生长的海带繁盛期为10～11月，自然分布于黄海、渤海，人工繁殖南延至东海的厦门沿岸。

我国已出现许多以海水养殖为支柱产业的沿海及海岛市县，长岛是山东省唯一的海岛县，隶属烟台市，海域物产丰富，盛产海参、鲍鱼、扇贝等海珍品，是我国重要的海洋养殖捕捞基地。

目前中国已经成为海水养殖第一大国，已经形成大规模养殖的经济品种有梭鱼、鲻鱼、尼罗罗非鱼、真鲷、黑鲷、石斑鱼、鲈鱼、牙鲆、河豚等；虾类有中国对虾、斑节对

虾、长毛对虾、墨吉对虾和日本对虾等；蟹类有锯缘青蟹、梭子蟹等；贝类有贻贝、扇贝、牡蛎、蚶、缢蛏、文蛤、杂色蛤仔和鲍鱼等；藻类为海带、紫菜、裙带菜、石花菜、江蓠和麒麟菜等。

海中明珠——海水珍珠养殖

海水珍珠是指在海洋里自然生长或人工养殖的珍珠。海水养殖珍珠一般在热带或亚热带的浅海水域中进行，均采用有核养殖法。有核养殖是将一颗完整的珠核放入珠母贝的外套膜内，然后将它放入水中生活一年左右，珠核上就会覆盖一层大约 1.5 毫米的珍珠层。

世界海水珍珠养殖主要分布在中国、日本和法属波利尼西亚，其次是澳大利亚、印度尼西亚、菲律宾、缅甸、泰国，南美一些国家也有少量生产。我国海水珍珠的养殖主要分布广东、广西、海南三省的北部湾海域。

海水珍珠不仅是一种昂贵的奢侈品，还是一种高级保健品。海水中丰富的矿物质与微生物为母贝生

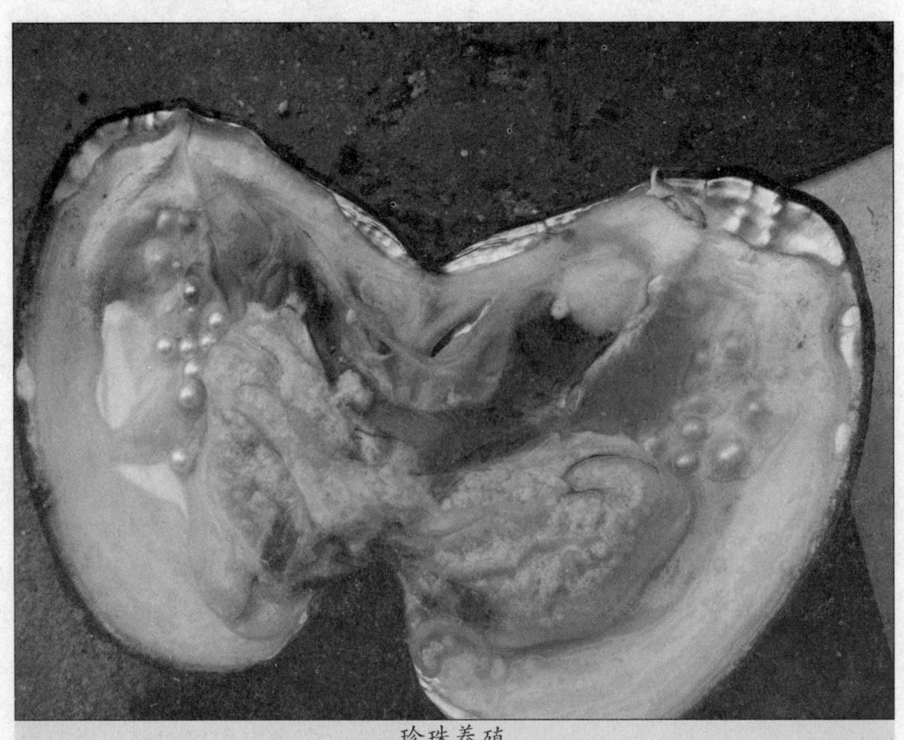

珍珠养殖

长提供了充足养分，使海水珍珠所含的营养成分比淡水珍珠更为丰富。海水珍珠粉除美容作用外，药用价值非常高，内服有补气安神定惊、益智明目、调节人体内分泌的功效；外用可以消毒生肌,对于消斑、除疮、去皱也有疗效。中国古代用珍珠粉健身强体、养颜美容已有几千年的历史。

我国宋代已发明了珍珠养殖法。1958 年 3 月，我国第一个人工养殖海水珍珠基地在广西合浦建立。1959 年我国第一颗海水珍珠养殖成功。1961 年在北部湾畔建成了我国第一个人工珍珠养殖场。1962 年，湛江水产学院的无核淡水珍珠养殖研究取得成功。1965 年，中国科学院南海海洋研究所、北海珍珠总场在东兴珍珠场进行马氏珍珠贝人工育苗成功，这项成果结束了我国海水珍珠纯天然采集的历史，开创了珍珠养殖生产进入全人工培育的新纪元。

长期以来，辨别海水珍珠的优劣主要靠肉眼来观测，所谓“七分为珍，八分为宝”。但随着科技的进步，这种传统的鉴定手段终于也可以被精密的仪器所取代。

广西北海市珍珠质量检测中心近年启用的珠层测厚仪，能够准确测量并直观显示海水珍珠的珠层厚度。珠层为珍珠贝受刺激后分泌的碳酸钙，包裹在作为异体插入的珍珠核上，直接决定着海水珍珠的质量，珠层越厚，珍珠越光滑圆润。

名贵珠宝

海洋粮仓的补充

1. 海水中的蛋白质

开发海洋，建立海洋粮仓是新世纪人类获得食物的重要途径之一。那么，就开发海洋而言，是否还有其他辅助途径呢?

当然是肯定的，这里先介绍其中之一——从海水中提取蛋白质。

不久以前，由日本气象研究所地球化学研究部和东京理科大学生命科学院专家组成的研究小组，在

清澈的海水

研究中发现，海洋中溶解有大量的蛋白质。迄今为止，由于尚未找到从海水中检测蛋白质的方法，因此，科学家们只知道在海中溶解有构成蛋白质的氨基酸，但不清楚海洋中究竟有没有蛋白质。

研究小组的专家们乘坐海洋观测船对世界各大洋进行了调查，在北太平洋、印度洋、南极海等处，科学家们从海洋表层到海深 4000 米处都采集了海水。他们利用过滤器从海水中除去盐类后，再用能将海水中蛋白质浓缩 10 万 ~ 100 万倍的方法进行检测。结果表明，在所有采集到的海水样品中，都含有极其丰富的蛋白质。这些蛋白质约有 30 种之多，相对分子质量 1 万 ~ 10 万。根据对蛋白质中氨基酸排列的分析，除了相对分子质量为 4.8 万的蛋白质和细菌细胞膜中的特殊蛋白质“嘌呤 P”基本相同外，其余都是至今陆地上还未发现过的来历不明的蛋白质。

据有关专家估算，海水中的蛋白质总量约有 1 亿吨以上，讲具体一点，大与海洋中磷虾和小虾等动物性浮游生物的总量相当。由于蛋白质重量的一半是碳元素，因而这就意味着，人们同时发现了一座“新的碳元素贮藏库”。

科学家告诉我们，地球规模的碳元素循环与地球温暖化有关。所以，专家们的这一发现十分令人注目。今后，研究小组的研究重点将转向查明这些海洋蛋白质的来历以及提取这些蛋白质的方法。

在科幻小说和科学漫画中，人们希望在21世纪的某一天，当地球上现存的食物资源濒于枯竭时，人们将能用空气和水来制取日常所需的食品。要是从海水中提取蛋白质一旦获得成功，那么，人类的幻想即将变成现实。这是多么令人神往的前景啊！

2. 发展远洋捕捞

世界海洋渔业资源十分丰富，据估计，资源量达几十亿吨，而目前每年仅捕6000多万吨，还有很可观的开发潜力。如东北太平洋是世界重要的底层鱼渔场，仅白令海东部海域及阿拉斯加湾的资源量就达500吨以上。日本、德国、波兰及韩国等许多国家及地区皆纷至沓来，争相捕捞，因此，这些国家的平均单位产量比我国至少高4倍。

西非中南部海域的渔场，年产量300万吨，沿海各国仅捕100万吨，其余200万吨均为别国所捕。

南美阿根廷外的大陆架渔场，有丰富的鳕鱼、鱿鱼、虾等资源，目前正处在开发阶段，同样是捕捞的好渔场。

赫赫有名的南极磷虾，资源量达5亿吨以上，截至20世纪90年代初，已有近20个国家进行了开发，

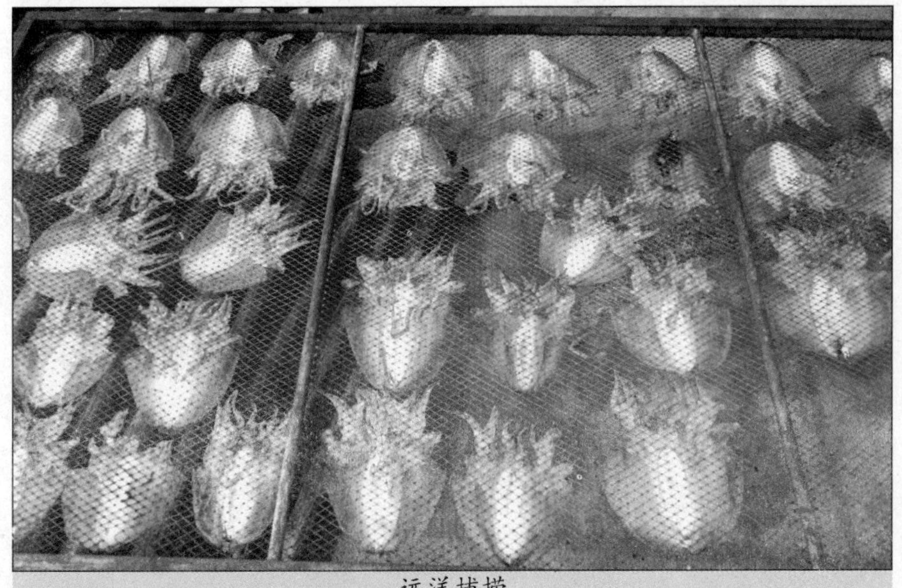

远洋捕捞

年产量超过50万吨。

此外，印度洋的渔业资源也未被充分利用。

纵观全球海洋，渔业资源尚有很大开发潜力，捕捞区域也很广阔。

发达国家的经验告诉我们，为了要把渔业生产搞上去，在办好海洋牧场的同时，必须充分利用海洋生物资源。发展远洋捕捞，到外海去捕鱼。

我国的渔业生产向来仰仗近海，发展远洋渔业，还得靠先进的技术和设备，这是题外话。

要解决21世纪的食物问题，除了依赖新的绿色革命以外，还要依赖蓝色革命，向海洋索取食物。海洋是人类尚未完全开发的巨大食品库，无穷无尽的海洋生物资源是人类食品的一个重要来源。

我国的海洋捕捞业面临的困境

首先，由于捕捞渔船的吨位普遍较小，捕捞的重点仍然放在近海，大洋性捕捞所占的比重还很小。其次，我国传统的捕捞区域变小，再次，海洋污染没有得到有效的控制，很多地区出现了不同程度的赤潮等灾害，最后，随着石油价格的上涨，使得海洋捕捞成本增加。鱼价过低也是海洋捕捞进入低谷的原因之一。

第六章
声名卓著的海洋工程

开发利用海洋，离不开海洋工程。海洋工程是依托、是手段，也可以说，海洋工程的发展，决定了海洋开发的进程。海洋工程可分为海岸工程、近海工程和深海工程等三类。每一类都有着各式各样的工程，这里，只简单介绍其中最具代表性的工程。

人工岛——海上国度的第一步

人工岛的准确含义和包括的内容，目前还不太明确，不太统一。一般地说，是指海洋上，为了某种使用目的，采用重力式结构或浮式结构，通过人工修筑的岛屿。

人工岛从最初到现在，已经历很长的历史时期，最早可追溯到2个世纪以前。当初，人们在海边为了增加用地和航运等需要，在浅海用填土的办法造地，以后随着社会的进步和需求的扩大，逐步向海里推进，技术不断提高，于是，便形成了今天的人工岛。

1. 人工岛的种类和用途

人工岛的种类和用途很多，已涉及世界上很多的地区和行业。

在日本，从20世纪50年代后期，开始较多地建造人工岛。到80年代末期，已建造和构思建造的人工岛有15个之多。这其中有为解决水深

南堡人工岛

问题修建的港口人工岛；有为解决噪音问题修建的关西国际机场人工岛；有东京湾上的获岛人工岛，用于建设大型钢铁厂，1978 年完工，耗资 9000 万英镑；有为修建世界著名的横贯东京湾的公路配套设施人工岛。还有为科学研究、旅游、休养、发电等建设的人工岛。

在美国，1954 年建设第一个人工岛，就是海豹人工岛，距海岸 2.5 千米，岛的直径达 120 米。1965 ~ 1966 年间，在水深 7 ~ 12 米的长滩油田，建有 4 个类似的人工岛。每个岛的面积为 4 公顷，投资约 200 万美元。在阿拉斯加，美国建有 5 个人工岛，其中最大的一个是马克卢科人工岛，直径 107 米，耗资 9400 万美元，1983 年完工。另外，美国还建有核电站、海水淡化、人类居住的人工岛。

苏联里海油田，从 20 世纪初就开始用填海的办法修建人工岛。1923 年时，已达到 300 公顷。当时水深 4 ~ 10 米，用多种办法进行填筑，为开发海滩和浅海打下了基础。

加拿大波弗特海域人工岛。从整个世界看，这一海域所建人工岛最多。1972 ~ 1987 年间，就有 30 多座人工岛建成。波弗特海域人工岛，都是用来进行石油勘探开发的。波弗特海域，油气资源十分丰富，据估计仅石油储量就有 300 亿 ~ 400 亿桶。该海域气象和海况条件恶劣，气候严寒，有严重冰冻，水深较浅，大部分为 2 ~ 23 米。通过人工岛工程建设证实，这种方法开发油气是合适的、成功的。

需要特别提及的一点是，世界上的人工岛用途很多，用于石油勘探开发的人工岛数量最多，约占总数的 40%。

波弗特海域人工岛，多为圆形，直径 120 米，设计寿命为 5 ~ 15 年。工程建设周期为 50 天，单个造价为 300 万美元。

除上述地区有较多的人工岛外，还有一些地区也有，如在荷兰，有都市化的人类居住人工岛。在巴西的阿雷亚·布兰卡，有食盐转运站人工岛，岛附近水深 7 米，可储存 1.5×10^5 吨盐，停泊 3 艘 2000 吨级驳轮。在中大西洋海域，有一大型炼油厂人工岛，面积达 7.28×10^6 平方米，允许 25 万吨级大油轮停靠。荷兰还计划在北海建造大型废物处理人工岛，要求不但能停泊船舶，还要有海上机场。

在我国，人工岛建设也已有初步成果。建成的人工岛虽然数量不多，但是在人工岛的研究上，已经比较深入并有相当的成果。我国的人工岛建设与研究，都是围绕浅海

未来人工岛

石油开发展开的。

1988年，胜利油田决定在浅海建造我国第一个人工岛，岛上打井52口，挖制原油3×10^5吨。胜利油田和全国10多个高等院校、科研院所一起，经过4年探讨研究，最终设计成功人工岛详细施工图。但由于地下油藏等原因，人工岛没有施工。人工岛设计得到美国ABS船级社认可，并获得我国国家专利。

20世纪90年代初，在渤海西部和北部，大港油田和辽河油田各建成一个人工岛。特别是大港油田人工岛，处在极浅海地区。这里的特点是，水上船开不进，陆上车跑不到，借助于人工岛，才开始了有实质意义的勘探开发工作，成了开发浅海石油中的一个模式。建人工岛修机场，如澳门和香港国际机场。

中国最大的海上天然气田

中国、美国和科威特合作开发的南海崖域13-1气田，是目前中国最大的海上天然气田。它于1996年1月10日投产，产量的绝大部分供应给香港，年供应量为29亿立方米，至少可稳定供气20年。同时，它还向海南省每年输送5亿立方米，用于生产化肥和发电。

2. 人工岛的结构形式

人工岛建设一般都采用重力式结构，所以耗费的材料和工时都较多。按建设方式和使用的材料分，人工岛可分为下面几种。

（1）自然坡（牺牲海滩）。人工岛。这种人工岛采用自然形成一定坡度的沙滩来保护中心岛，使其不受波浪冲击。这种平缓的滩坡能消耗波浪前进时产生的能量。在冬天，这种滩坡还可以使撞击的海冰破裂，从而保护中心岛不受损坏。

（2）沙石人工岛。沙石人工岛，就是在岛的周边用块石或者沙袋先筑成稳定的堤，然后往堤中心填筑沙子。沙石人工岛需要大量的沙石

料，料源必须充足且方便，但和自然坡人工岛相比，还是省材料的。

（3）沉箱人工岛。沉箱人工岛是在不断总结沙石人工岛的基础上逐渐演化而来的一种结构形式。沙石人工岛都有一周圈的由大块或沙袋组成的斜坡堤坝，该堤坝必须有满足稳定要求的坡度。这样，在整体稳定上，在所用材料上就不如直立式的沉箱人工岛好。

3. 岛陆交通

作为海上“孤堡”的人工岛，其生存与开发必须依靠后方大陆基地的支持与供应，人工岛与大陆之间的交通运输联系是必不可少的条件。资源开发量大的人工岛，除了岛上需布置相应的储存设施外，应建立岛陆之间的专用输送通道，必要时还需布置直接对外输送的设施。常用的岛陆交通运输设施有连桥、隧道、轮渡等。

（1）连桥。人工岛与大陆之间的专用跨海桥梁称为连桥。一般在人工岛离陆岸距离较近时采用，按需要可以是公路、铁路桥，兼顾交通往来和生产输运，也可以用皮带运输机、管道通过桥梁将生产物资向陆岸输送。连桥的通过能力要根据岛陆之间交通要求和岛上开发需

人工岛码头与机场

求确定，连桥的结构设计除按桥梁设计标准外，要特别注意海洋环境的特点，台风暴潮的影响，雾、冰、雪等的影响，还要考虑桥下海上船舶航行要求，应保证具有足够的桥净空高度。岛上的供水、供电、供气重要，也需从陆岸通过连桥向岛输送。岛上生产物资量很大时，可能需要设专用连桥通道或专用缆车通道以保证安全与效率。

（2）隧道。海洋环境险恶、岛陆之间为重要海上航道，不宜架设连桥时，也可采用隧道的方案，在隧道内铺设公路、铁路和其他设施。此类海底隧道一般需布置在海底下数十至一百米，防止因海滩或海床冲淤演变影响，海底段是主体，两端用倾斜引车道分别与岛、陆连接，引车道坡度应满足公路、铁路要求。隧道近岛、陆两岸处需布置竖井，用于安装通风、排水、供电等设备。隧道的基建与维护费用高，需同连桥进行技术经济论证与对比。

（3）轮渡。人工岛与陆岸距离较远时，采用连桥或隧道的投资太大，维护费用也太高，岛与陆两处建设海上轮渡设施，通过船舶来解决交通运输问题是有效的方案。现在海上轮渡发展迅速，北欧技术先进，客货两运，并大量采用滚装技术，渡轮吨位与尺度增大，运输效率高。海上轮渡交通不仅用于岛陆联系，还用于长距离海上交通、国内区域和国际城市之间的联系。生产货物运输量大时，还须建设专用码头或港口来解决装卸问题，或采用管道输送技术来适应开发需求。

在有条件时，人工岛需布设直升机专用停机坪，以备岛上急救或其他突然事故用，这也是人工岛岛陆联系的特殊需求。

20 世纪 60 年代以来，世界上人工岛工程发展很快，日本建造的现代化人工岛最多，美国、荷兰等国也很重视发展人工岛。1966 年开始，日本在神户市以南 3 千米、水深 12 米处的海域，用了 15 年的时间，以 8×10^7 立方米土石方填筑成一长方形神户人工岛，总面积达 4×10^6 平方米。用神户市西部两座山头建成了一海上城市。人工岛平均抛填高度 20 米左右，临外海一侧护岸长 3040 米，并修筑了 1400 米长的防波堤，掩护神户新港，港口陆域面积 2.41×10^6 平方米，新港一堤坝通过 300 米神户大桥，3 跨拱形结构、宽 14 米，同陆岸连接，道路直达市区，联系紧密。人工岛上城市设施完备，旅馆、商店、住宅、学校、公园、医院和文化娱乐场所等齐全。1972 年开始神户人工岛东西附近海域建造第二个人工岛——六甲人工

迪拜人工岛

岛，总面积达 5.8×10^6 平方米，抛填土石方达 1.2×10^8 立方米。还是采用移山填海的方法，从近处六甲山挖掘土石，用高架输送带，运到海边栈桥上，再装上船舶到海上抛填。1975 年开始在长崎和佐世保之间的海湾内，填筑新大村飞机场，即长崎机场。离海岸 1.5 千米处有小岛——箕岛，用爆破方法炸平南、北两岛，在向陆一侧水深 12 ~ 15 米的海域中和箕岛东侧抛填土石，建成——人工岛，长 3200 米、宽 430 米，环岛护岸工程总长达 5868 米，西侧海岸可利用部分岛岩壁防护，护岸采用块石斜坡和人工异形块体护面的结构形式。机场跑道长 3000 米。人工岛与陆岸之间建一连桥作为交通联系。

你知道吗

未来海上摩天大厦

“云霄都市 2001”的城址已落实在东京湾内侧千叶县浦安外海约 10 千米处的海上，预计在 3 ~ 5 年内完成前期工程，然后再用 15 ~ 20 年的时间建成大楼。这既是一座城市，也是一座海上大厦，要比当今世界上最高的美国“西尔斯大厦”（高 442 米）还要高出 3.5 倍，大厦总建筑面积为 1100 万平方米，分 500 个层次，25 个大单元，可供 14 万人长期定居，30 万人就业。大厦内设住宅、购物中心、学校、医院、娱乐场所等设施，还有办公机关及企业部门。

海洋平台——海洋石油开发的基础

海上平台是一种岛状空间结构物,具有一个高出海面的水平台面,是一种供人们进行海上油气生产作业或其他活动用的海上工程设施。按其结构特点和工作状态分为固定式和浮式两大类。固定式平台在整个使用寿命期内位置固定不变,其形式有桩式、绷绳式和重力式等。浮式平台是一种大型浮体,有的可以迁移,有的不迁移。建海上平台,除采用先进技术、选择高效小型设备以尽量压缩平台面积之外,还要对影响生产作业的各种因素进行充分的研究。一旦设计不合理,平台就很容易被摧毁,造成巨大损失,世界上很多国家都发生过石油平台由于台风、浮冰等原因而倒塌的事情。

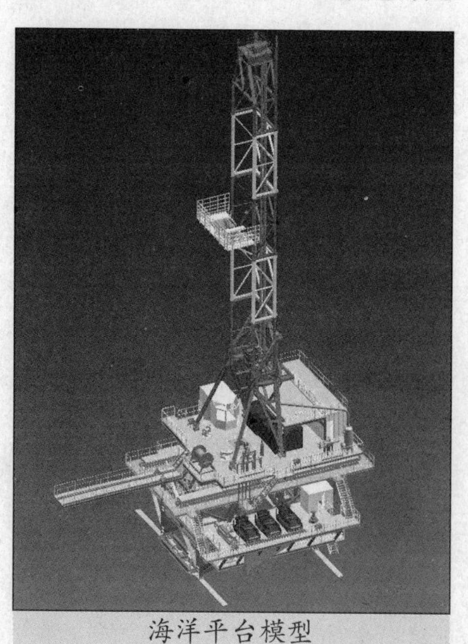

海洋平台模型

随着人口的膨胀和陆上资源的减少,人类正加大海洋油气资源的开发,各国已在海洋中修建了大批海洋平台。据统计,目前世界大陆架范围内,共有6000多座平台在工作。自从20世纪30年代以来,美国为了开采由陆地延伸入墨西哥湾的油田,在防波堤外的浅海区修建了一座木质结构平台以后,世界海洋平台蓬勃发展,由小型向大型发展,由木质结构向钢结构发展,由浅海向深海发展,当前最深的平台已经工作在深达千米的深海中了。

随着海洋科学的发展,更多更先进的海上平台将会出现在世界的各个海域,为人类开采海底石油、天然气做出卓越贡献。

1. 海洋平台的种类

海洋平台的类型很多,真可谓是种类繁多,五花八门。为了适应不同的需要,科学家们设计了各种各样的海洋平台。如按照海洋平台的用途,可以分为钻井平台(用来在生产点钻掘油井)、生产平台(进行采油工作,上面配置安全装置、

减压装置以及各种测量装置）、生活平台（供人员居住，同作业区分开以提高生活条件和安全度）、装油平台（供运油航舶停靠）以及烽火平台（用于燃烧天然气）等。根据海洋平台能否移动，可以分成固定式平台和活动式平台两大类。又据其结构形式的不同，固定式平台有重力式固定平台、桩式固定平台、柔性固定平台等；活动式平台有自升式平台和半潜式平台之分。当然，根据这些平台的具体结构形式，还可以再细分下去。不同的平台有不同的特点，因此也就适合于不同的环境条件，具有不同的用途。例如重力式固定平台一般适用于较浅的海域，而柔性平台则可用于数百米的深水区域。

2. 海上石油钻井平台类型

海上石油钻井装置分固定式和活动式两种类型。固定式钻井装置是发展最早的钻井和采油装置，它既可以用于钻井，又可用于石油生产。它有钢导管架桩基平台、钢筋混凝土重力平台、张力腿平台和绷绳塔平台等。活动式钻井装置具有独特的优点，它既能保证钻井时的平稳性，又具有易移动和能适应各种水深的特点。它一般有座底式平台、自升式平台、半潜式平台和钻井船等。而其浮式生产平台，有半潜式和油轮式平台两种。

目前，世界海洋钻井多采用活动式钻井装置。这类钻井装置既能保证钻井时的平稳性，又具有容易移动和适应各种水深的优点。据统计，到1997年底，世界上固定式和活动式钻井平台达到了7384座，仅1997年就安装了275座。

3. 用钻井平台开采石油开始时间

海上石油和天然气的开发，经历了由沿岸、近海向深海域发展的过程。最初，人们把钻井设备安装在海岸边，从陆上向海里打斜井开采海底油气，后来，又在海边建造木质结构的栈桥，或在浅海区建造人工岛，用于安放钻井设备进行钻探。第二次世界大战之后，随着海岸工程技术的发展，在近海出现了各种采油平台。1947年，美国在墨西哥湾建造了第一座远离海岸的钢导管架固定式采油平台，并钻出第一口商业性石油井，它标志着海洋石油开发进入了一个新阶段。据统计，到1997年底，世界海洋油田主要有2648座，其中北海311座，西非近海201座，东南亚近海202座，北美近海1482座。目前，世界上已有45个国家的100多家石油公司在海上开

国产海洋钻井平台

采石油和天然气，其采用的主要技术设备有固定式生产平台、浮式采油生产系统、海底采油装置等。

4. 采油平台能够安装在海底

随着自动控制技术和深潜技术的发展，近年出现了新型采油技术——海底采油平台装置。它是把整个采油装置、油气分离装置和储油系统都安装于水下，组成海底采油系统。这种采油系统是1960年由美国研制成功的。它通过采油装置和许多汇集油气的管道把海底多口生产井采出来的石油集中到海底储油罐或采油平台中。开采操作则由在船上或陆上的遥控装置进行控制。由于这种采油系统可以避免风浪对油气生产作业的影响，而且建造成本低、建成时间短，很适用于开采深海油气田和边际油气田，所以很有发展前途。目前，海底油气生产系统已能在300米水深作业，正在开发研制400～752米，甚至1000米水深的海底采油平台。

海堤——最早的海洋工程

在河口、海岸地区，为了防止大潮的高潮和风暴潮的泛滥及其伴随风浪的侵袭造成土地淹没，在沿岸原有地面上修筑的一种专门用来挡水的建筑物称为海堤。中国江苏长江以南和浙江一带也称为海塘。海堤也是围海工程的重要工程设施。

被誉为我国古代三大工程之一的海堤

在我国沿海的江苏、上海、浙江地区，有这样一条蜿蜒数千米的海堤。它北起江苏的连云港，南至浙江的苍南县，像一座钢铁长城镇守着这一带的海岸，防御着海水倒灌、海浪越顶，护卫着堤内广阔的滩涂和万千生灵。正因为它规模宏大，历史悠久，人们常把这千里海堤与万里长城大运河一起誉为中国古代的三大工程。

1. 防护标准

海堤工程首先要确定其级别或防护标准，而防护标准应根据具体保护岸段的需求，综合地考虑工程规模与投资，保护岸段的重要性与实际经济效益来确定。保护岸段常涉及多种产业或行业，今后将会更多地进行综合开发，而目前不同产

古老而简单的海堤

业或行业多有各自的防护标准。

工程的分级标准要通过设计重现期体现，主要是工程建筑物设计潮位、设计波高的重现期问题。

（1）设计潮位。根据实测资料进行频率分析，一般需具有20年以上的潮位极值资料。频率分析的分布线型，海岸地区常采用耿贝尔分布，河口地区常采用皮尔逊分布模式可参见有关水文学专业书籍。

（2）设计波要素。与重现期标准相应的波要素值，需根据多年实测波浪年极值资料，进行波候分析，即中、长期频率分析确定。一般要求具有15年以上资料，常采用年有效波高赫兹的极值进行频率分析，寻求其长期分布，分布模式多采用皮尔逊Ⅲ型分布。

2. 结构形式

根据沿海岸段保护与划定陆上开发区的需求修建海堤，在平面布置上应使海堤堤线平顺，并尽可能避开强风、波浪和水流的正面袭击，必要时堤线可布置成折线或弧线。海堤的断面结构形式及其尺度的确定与当地的水深、海岸动力因素、地基特性、建筑材料来源和施工条件等有关。海堤断面可以分成斜坡堤和陡墙堤两种主要形式，以及两者结合的混成堤形式。

（1）斜坡堤。这是最常用的断面形式，主要为梯形断面，内外都用单一斜坡，外坡比内坡较平坦。为了节省土方，也有将外坡改成折坡，高潮位以上保留较坦坡度有利于消减波浪作用，高潮位以下改用陡坡。在地基较软弱、波浪作用较强情况下，临海一侧的外坡也常采用平均高水位处加设平台（戗台），有利于削减波浪能量、降低地基荷载，也便于施工与管理，平台上、下也可采用不同坡度，上坡可较陡使波浪爬高减小，降低堤顶高程。

斜坡堤堤身一般用当地土料填筑或吹填，外坡直接承受波浪、水流作用，需采用人工护面以保障堤身安全。护面常用块石（干砌或浆砌）、混凝土块（或板）等结构形式，护面下设置碎石垫层，防止堤身沙石被吸出，故称为反滤层。内坡有用草皮防护。在水浅、浪小、地高岸段，外坡也可采用植物护坡。

（2）陡墙堤。以往采用较多的传统断面形式，临海一侧用块石修筑成陡墙或直墙，墙后堆填沙或沙土，内坡与斜坡堤同。墙体要求在波浪作用下保持稳定，有时也可用混凝土方块砌筑或用沉箱建造。为防止水流、波浪淘刷堤脚，常在海堤坡脚处抛石、抛混凝土块或修筑块石棱体等。在软土地基上修建海

陡海堤

堤，还需进行软基加固处理。

斜坡堤消浪性能较好，对地基沉陷变形适应性强，施工简便，但断面大，施工土方量和占地面积都较大。陡墙堤则占地面积小、工程量较小，但墙身地基应力集中，沉陷量大，要求具有较坚实的地基，此外，堤身受到的波压力也较大，墙前波浪底流速也大，易造成墙脚被淘刷而损坏且维护难度大。

（3）混成堤。为了取长补短，发挥斜坡堤和陡墙的优点，采用兼有两种断面形式的混成。混成堤可以有两种方式，主要是临海一侧结构不同，内侧是相似的。一种是下部为陡墙，平均高潮位以上为斜坡，在陡墙前增设一镇压层，防止墙前地基被挤壅高和波浪淘刷。一种是下部为较陡斜坡，上部为陡墙。混成堤适用于堤前水深较大的岸段。

3. 稳定分析

局部土坡和整体地基的稳定分析对海堤断面尺度的合理性可做出重要判断，对海堤工程的安全程度评估是有指导意义的。根据多年工程实践经验，建筑物常伴随地基、局部地或整体，沿某一圆弧状滑动面失稳位移，造成破坏。

4. 软基处理

海堤施工中，软土地基常是技术难题，事故较多。软黏土或淤泥层常厚达数米至20米以上，压缩性高、透水率差、承载力低。有的软基堆土极限高度仅1 ~ 4米。除了在施工时须控制填筑高度和进度外，应采取必要的软基加固措施。

常用的措施有压载平台和排水砂井。前者在海堤一侧或两侧，从坡脚向外铺设土石压载层，改善地基应力分布，防止地基滑动，故又称镇压层加固。铺设宽度与厚度宜结合稳定分析进行。后者在海堤填筑前，对基础用打钢管或喷高压水后灌砂（钢管抽出），形成“砂椿（井）群”，有利于地基排水固结和提高强度。10余年来大量推广塑料排水板新技术，由于施工简便、效果好、质量易保证，具有良好的发展前景。

护岸

护岸

1. 护岸

护岸是在原有的海岸岸坡上采取人工加固的工程措施，用来防御波浪、水流的侵袭和淘刷及地下水作用，维持岸线稳定。护岸建筑形式与海堤相似，按其外坡形式可分斜坡式护岸、陡墙式护岸（包括直立式）和由两者混合的护岸。斜坡式护岸的护面结构及护面范围与斜坡堤相同，坡顶为陆地面。地面高程不能满足防浪要求时，在坡顶增设防浪墙。陡墙式护面常采用块石砌筑的重力墙、钢筋混凝土扶壁式结构、板桩岸壁等。外侧受有波浪、水流作用，内侧还要承受土压力和地下水压力作用。墙上设排水孔。护岸的坡脚加固与海堤相同。沿海城镇护岸以陡墙式或直墙式结构为多。护岸工程要确保岸线稳定，综合考虑城市交通、环境绿化、防汛抢险、旅游疗养等需要，对于有船舶系泊要求的规划专用线要从码头结构形式考虑。

2. 保滩工程

保滩工程是保持海岸、河口地区滩涂的稳定，防止滩涂泥沙被波浪、水流淘刷的工程。海岸岸滩泥沙受风浪掀动并随水流输移，使滩面发生剥蚀。保滩工程还能促使泥沙在滩涂落淤，有利于保护海堤、护岸。保滩工程包括丁坝、顺坝、护坡等工程设施和种植植物及铺抛人工沙滩措施等。

（1）丁坝。丁坝与岸线成丁字形相交，由坝根、坝头、坝身三部分组成。坝根与海岸或滩肩连接。坝身向外延伸，将水流挑离岸边，拦截沿岸漂沙，使之落淤。丁坝对波浪也有一定的掩护作用。丁坝平面布置有与水流正交、上挑和下挑三种。下挑丁坝与水流流向交角小，坝头冲刷较轻。上挑丁坝挑流作用较明显，但坝头冲刷也严重。从减少坝头冲刷，丁坝以迎向潮流速较小的方向为宜。从加速坝田淤积的角度出发，则丁坝迎向含沙量的潮流方向为宜。具体布置应根据当地潮流和含沙量等情况决定。丁坝多布置成坝群。丁坝的间距一般为坝长1～3倍，平顺岸段还可稍加大。丁坝常用的结构形式有砌石坝或堆石坝、钢筋混凝土沉箱坝、拦栅坝、网坝等，工程中应用较多的是砌石坝。在滩面高于汛期低水位时，为了节省石方量，丁坝坝身可用土填筑，外层干砌块石也可降低造价。

（2）顺坝。顺坝是在波浪作用为主的地区，特别是主波向垂直于岸线时，丁坝保滩护岸不起作用时采用，这时离岸一定距离与岸线大致平行的顺坝（亦称离岸堤）效果较好。顺坝能消减波浪并促使浪沙在坝后淤积。顺坝沿岸滩有连续布置和间断布置两种形式。顺坝较长时，内侧可设格堤，间距为顺坝至岸距离的2～5倍，以免沿顺坝产生水流冲刷已淤积的泥沙。

不设格堤的顺坝最好采用两端封闭的形式。在斜向波作用下，产生沿岸输沙时常采用丁坝、顺坝结合T形布置，以阻拦沿岸输沙。采用连续布置顺坝，工程量大，沿顺坝留有口门，形成间断布置。为防止泥沙流入，口门宽度不宜过大。根据顺坝顶高程不同，将顺坝分有出水顺坝和潜顺坝两种。出水顺坝坝顶高程一般在平均高潮位以上。潜顺坝坝顶高程略低于平均潮位。出水顺坝消浪效果好，能防止波浪侵蚀堤岸，但坝身也承受较强的波浪作用，对结构稳定要求高。潜顺堤在高潮时淹没，防浪效果差。

（3）护坦与护坎。保滩工程中有时需采用一些应急的局部工程设

护坦与护坎

施，直接防止滩涂继续剥蚀和演变恶化。侵蚀性海岸常形成阶梯状滩地并分层剥蚀演变，向岸推进与接近时将危及岸坡安全。浙江慈溪海滩局部出现高滩与低滩两级分层，且高滩不断剥蚀，后退迅速，两滩间高差达1～3米或更多。采用护坎防止高滩前沿坡面淘刷，干砌块石，1∶3坡，厚0.5米，下铺石砖垫层0.4米厚，坡脚在低滩延伸2米，坡顶在高滩延伸6.5米。为了防止高滩滩面剥蚀，在护坎后方常继续延伸采用护坦或坦水，需1.5～2倍波长范围，视滩面淘刷情况而定。

江苏大丰—东台潮滩宽达10千米左右，潮沟发育很有特点，潮差大，挡潮闸集中排水，形成闸下水道与主要潮汐通道西洋连通。西洋涨潮流向南，在柯氏力影响下水流偏西，西洋偏北向浪，闸下水道排水向东，在柯氏力影响下水流偏南，三种动力都使闸下水道南岸侵蚀，使主槽不断南摆，平均每年达100米，主槽向南弯曲，南岸形成陡坎，高差达3米以上，继续侵蚀将危及垦区堤防。在500米左右长岸段的险工区，采用双排桩抛石护坎措施取得成效。但护坎仅是应急抢险用，在闸下水道北部采取裁弯工程措施后，主槽北移，才从根本上消除险情。

（4）人工沙滩与植物防护。采用丁坝与顺坝等保滩工程时可以在掩护岸段取得稳定与淤涨的良好效果，但是，也常对相邻或周边滩涂带来影响，甚至发生侵蚀。而人工沙滩或植物防护对相应岸段既可以发挥保滩作用，又不会对周邻环境产生不良影响。这是与环境相适应，且常常是改善环境质量，创造新海洋资源的一类保滩措施，也是综合治理与开发密切结合的措施，日益得到海洋国家的重视与欢迎。

不少侵蚀海岸的沙滩是由于沙源改变或截断而形成的，采用人工填沙的措施，恢复原有沙滩或形成稳定的新沙滩，称为人工沙滩方法。人工填沙后调整局部滩地水深条件，且提供足够可活动的沙体，波浪、水流的强度减弱和能量损耗，滩沙与动力达到新的平衡。人工沙滩还可以同建造海滨浴场、发挥旅游业结合起来。近10～20年来逐渐成

为海岸防护一种应用较多的方法，美国最早采用，人工海滩岸段已达数百千米，填沙量达500 ~ 1000立方米；以后又推广到欧洲、日本。人工沙滩方法一般要考虑到邻近地区拥有大量廉价沙源，要考虑到形成沙滩不能一劳永逸,需每年维护。人工沙滩如能结合海上疏浚工程吹填效益更为显著。

人工沙滩与动力环境平衡，其平衡剖面应根据防护岸段的波浪、水流以及泥沙等运动特征和技术经济的合理性来确定。缺乏实测资料时，须根据邻近岸段较稳定的沙滩剖面特征尺度来选取。

在沿海岸滩上较大范围种植红树林、芦苇、大米草等植物，可以显著地消波缓流促淤，积极地保滩护岸，称为植物防护。红树林适于亚热带、热带种植，中国福建、两广和海南、台湾都很有发展前景；大米草可以扩展到温带种植，江苏以南海岸都生长良好；芦苇适应范围很宽，北方辽宁一带也种得很多，江苏、上海、浙江甚为普遍，但限于较高滩涂以上才能播种。防护岸滩的植物多是很好的经济作物，综合利用效益十分显著，为沿

人工沙滩

海地区广泛重视。

海底隧道和海上桥梁

1. 海底隧道

海底隧道是为解决横跨海峡、海湾之间的交通，又不妨碍船舶通航，而建在海底之下供人员及车辆通行的地下建筑物。目前，全世界建成和计划建造的海底隧道共计20多条，主要分布在日本、美国和西欧，较著名的海底隧道有青函海底隧道、英吉利海底隧道、日韩海底隧道、墨西拿海峡的悬浮式海底隧道。

（1）青函海底隧道。这是当今世界上最早建成的海底隧道，全长达53.85千米，其中在海底有23.3千米。主隧道直径11米、高9米，铺设2条铁路，另有2条用于后勤供应的辅助隧道。青函海底隧道自1964年正式开工，到1987年通车时，共挖出沙石 1.01×10^7 立方米，用去钢材 1.68×10^5 吨，水泥 2.9×10^5 吨，总投资37亿美元，每千米造价7000万美元，人称“世纪性的大工程”。隧道建成之后，使北海道与本州之间的交通不再受恶劣气候的影响，大大缩短了日本首都东京到北海道首府札幌的乘车时间，由16小时50分钟缩短到5小时40分钟。

胶州湾海底隧道

（2）英吉利海底隧道。这是一条连接英国和欧洲大陆的海底隧道。该工程于1987年11月开工，1994年5月正式建成通车，1994年11月14日“欧洲之星”高速火车正式投入商业运行。该隧道由2条直径各为7.6米的火车隧道和1条直径为4.8米的服务隧道组成，全长53千米，其中38千米在海底40米深的岩层中穿行，13千米为两岸坡道，耗资96亿美元。竣工后，从伦敦到巴黎间的行程由5小时缩短为3小时，每年客流量为8430万人次，货运量为 1.32×10^7 吨。

英吉利海底隧道堪称20世纪的最大工程，它的建成使英伦三岛与欧洲大陆分割的历史成为过去，这极大地促进英法两国的经济发展。

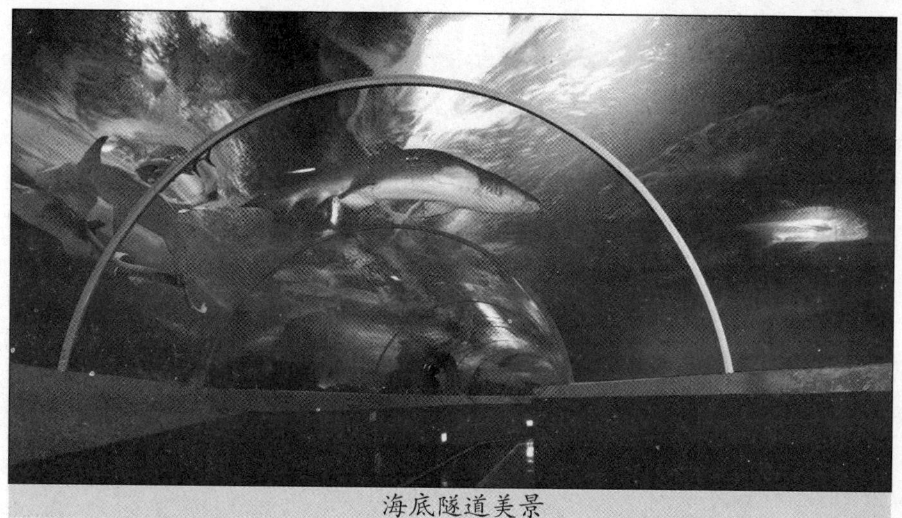
海底隧道美景

（3）日韩海底隧道。这条隧道位于日本九州西部壹岐岛与对马岛之间，全长250千米，隧道高4.5米、宽5米，在海底80 ~ 300米深处通过，1985年开工，预计造价200亿美元。由于隧道通过的海域地质情况复杂，给隧道的开凿带来一定困难，所以该项技术堪称当代最高的海洋工程技术。

（4）悬浮式海底隧道。在意大利和西西里岛之间墨西拿海峡，计划建造一种悬浮式海底隧道。该隧道采用钢筋混凝土结构，管道截面宽42米、高24米，悬浮于水中30米深处，采用电脑计算机控制因车辆通行引起的隧道摆动。隧道的左右两侧为铁路，上下两层为汽车路。这种隧道比普通桥梁隧道造价低50%。

另外，丹麦和瑞典之间将建造3.4千米的海底隧道；土耳其也在筹建1条9千米的海底隧道；西班牙和摩洛哥已达成建造直布罗陀海峡隧道的协议，该工程将持续20年左右，计划建造3条平行的用于火车和汽车通行的隧道，每条隧道长47千米，有26千米在海底通过，预计耗资10亿美元。

21世纪初，日本拟建大阪湾海底交通走廊，将大阪湾沿岸城市连接起来。该项工程将耗资28万亿日元。计划在大阪湾海平面以下30 ~ 50米处建一隧道，把神户、大阪、土界市、关西国际机场、洲木市和津名市从海底连接起来。届时，从神户到关西国际机场只需16分钟，从神户到歌山只需23分钟。

港澳珠大桥

2. 海上桥梁

在狭窄海域，架设海上桥梁，是人类开发利用海洋空间的又一项工程技术。目前，全世界已建成大型海上桥梁50多座，著名的跨海大桥有日本濑户内海大桥、博斯普鲁斯海峡大桥、美国金门海峡大桥，以及沙特阿拉伯和巴林之间跨海公路大桥等。

博斯普鲁斯海峡大桥，位于土耳其的伊斯坦布尔市，横跨欧亚两洲。该桥于1972年动工，1973年10月建成通车，全长1560米，中央跨度为1074米，每天可通过近20万辆汽车。它的建成极大地促进了土耳其经济和贸易的发展，并对加强欧亚两洲交通和贸易具有重要意义。

你知道吗

未来的亚洲第一“东方大桥”

1999年6月1日，我国华东地区第一座特大型跨海大桥——朱家尖海峡大桥胜利建成通车。大桥跨跨越舟山与朱家尖岛之间的普沈水道。舟山群岛地区将有6座跨海大桥耸立在海上，沟通宁波与舟山本岛，途中经过黄蟒岛、金塘岛、册子岛、里钓山、富翅岛等岛屿。这6座跨海大桥分别是蛟门大桥、金塘水道大桥、西堠门大桥、岑港大桥、响礁门大桥和桃天门大桥，总长11000米。该计划还包括建设长达870米的隧道，总投资预计60亿元。

瀬户内海大桥，是一座铁路和公路两用桥。1979年1月动工，1988年4月建成，共耗资100多万亿日元巨款。该桥横跨日本濑户内海，共连接5座小岛，全长37.3千米，海面部分长13.1千米，桥面离海面高度8.5米，是目前世界上最长的铁路、公路跨海大桥。大桥分上下两层，上层有4条汽车道路，可允许时速为100千米、载重43吨的大型载重汽车通过；下层是双线铁路，火车时速可达120千米，载重1400吨。火车通过这座大桥，从东京可直达北海道首府及四国岛。

夜间的跨海大桥

西班牙专家最近建议，在直布罗陀海峡上修建一座长达27千米的跨海大桥。预计投资1万亿比塞塔（西班牙货币），用5年时间建成。该桥宽40米，有2条火车道和3条汽车道，桥离海面距离为100米。这座大桥的建成，将有力地促进欧非两大洲经济、贸易交往和发展。

日本最近又提出了在东京湾口、纪淡海峡、伊势湾口、丰予海峡、早崎海峡和长岛海峡，建5座海峡大桥的新构想。

近年来，我国跨海大桥的建设取得显著成绩，较著名的有辽宁海城跨海大桥、厦门大桥和女沽山大桥。其中厦门大桥总投资1.4亿元人民币，1987年动工，1991年5月建成通车。该桥由47对矩形桥墩撑起，横贯高崎、集美之间，全长6599米、宽23.5米，双向4车道，日通车2.5万辆，可抗8度地震和12级强风暴，是目前我国最长的公路桥，也是我国第一座海峡大桥。该桥是我国首次采用海上大直径嵌岩钻孔灌注桩施工法及应用滑移式钢模架设备，它所选用的预应力系统材料具有国际先进水平。

防波堤——海港兴盛的前提

为了适应海洋的环境，有时还需改造与改善局部海洋“小环境”，形成海港工作条件,发挥海港功能,常采用防波堤、码头、修造船设施等三种主要水工或海工建筑物。防

波堤就是为防御波浪入侵掩护港口水域的必要设施，有时也能防御泥沙或冰凌入侵，减轻其对海港造成的危害或影响。防波堤常成为兴建和发展海港的前提与关键，防波堤的建造技术一直是国际海岸工程界重视的研究课题。

在港口海域的外围防御波浪的防波堤，其本身首先要承受波浪的强烈作用，建筑物的造价是十分昂贵的，随着港口水深的增加，还要成倍地提高。近数十年来国内外研究成果多，技术进展很快，中国也处于国际先进行列。

我国沿海的渔港

据2002年我国全国沿海渔港普查结果显示，我国的沿海渔港共有1484个，其中一级渔港82个，二级渔港148个，三级渔港81个，未评级的渔港（含自然港湾）有1173个。全国渔港水域总面积为18亿平方米，可容纳50吨及以下船舶61万艘，50吨以上船舶22万艘。

防波堤

防波堤的类型应根据所在海域的工程水文和工程地质条件来确定，并须满足强度和稳定性方面的要求。防波堤的结构一般可分为重型和轻型两类：前者是传统和常用的防波堤形式，包括斜坡堤、直墙堤和混成堤等，后者是20世纪后半期才发展起来的，根据波能集中于水体表层的特点，结合工程的特殊需要而研究出来的各种轻型防波堤，如透空堤、浮堤、喷气堤和射水堤等。

1. 斜坡堤

重型防波堤都是依靠堤身的实体与自重来抗御波浪，故也称为重力式结构。斜坡堤与斜坡式海堤相类似，断面多呈梯形，以抛石形成，能较好地适应软弱地基的变形，但承受的波浪荷载比海堤要大得多，外海一侧堤坡直接承波浪的强烈作用并须消减来波的能量。波浪在斜坡上常发生破碎，给坡面带来正向和反向波压力、上爬和回落的往复

水流等持续影响，故堤坡在波动幅度范围内需采用大块石以防止波浪破坏。波浪破碎后，部分水体沿堤坡继续向上爬升，堤顶标高常根据其上爬高度和容许漫越堤顶水量来确定。天然开采的大块石，其重量有一定限制，且大块石的数量也是较有限的，难于采用，用于铺抛作堤外坡护面时常不能抵御较大波浪的袭击。工程上现常采用预制混凝土方块和各种人工异形块体，作为护面。应用最多的异形块体是四脚锥体、工字体、四脚空心方块等。由于异形块体护面糙率及渗透性大，消浪效果好；块体间有较好的嵌固作用，稳定性好，所需稳定重量小；护面上波浪爬高小，所需堤顶标高低，堤身断面也小。斜坡堤内侧堤坡护面应与港内波浪相适应，一般较小，有时要考虑外海一侧越浪水流的影响。

直墙堤

2. 直墙堤

虽然也依靠堤身自重来抵御波浪，直墙堤与斜坡堤完全不同，墙身为一整体，并形成垂直墙面迎浪来保持自身稳定。直墙堤也不同于陡墙式海堤，墙体为矩形断面，由混凝土重力墙构成，荷载集中，适合于较坚实的地基，外海一侧直墙面改变墙前波浪状态，减缓波浪袭击。波浪在直墙前发生反射，形成立波（驻波），墙面处波动幅度增长，比原始波高大 1 倍略多，直墙承受侧向立波压力和底部浮托力。墙顶标高根据墙面壅水高度和容许越浪量来确定，墙身的稳定重量和墙宽应与波浪荷载相适应。直墙结构常采用钢筋混凝土沉箱或巨型混凝土方块垒筑而成；由于荷载较大而集中，直墙底须铺设抛石基床，改善应力分布，基岩地基时可不用基床；直墙顶需现场浇筑上部结构，具有防浪功能，便于顶面使用。直墙前立波具有较大底流速，抛石基床前还须铺抛护底块石层。碎石基床厚度须根据地基承载力和实际地形来确定，基床外侧墙脚处面上常安放护肩方块或块体以防止波浪淘刷危及墙身安全。直墙内侧可兼用作码

头，停靠船舶。

3. 混成堤

斜坡堤适用于软弱地基，但水深大时堤身断面庞大；而直墙堤适用于较大水深，但荷载集中要求基础坚实。混成堤属于两者之间，兼有两者的长处，既适应地基差的条件，又能用于水深大、波浪强的海域。混成堤由上部直墙和较高突基床混合组成，下部突基床同斜坡堤断面相似，故称为混成堤。突基床很低时为直墙堤，突基床很高时成为斜坡堤。突基床从低升高，直墙前波浪形态变化显著，从立波到破碎立波、到破波、到破后波、到波浪上爬水流。中等高度基床时墙前发生破碎立波，墙面会出现比立波更大的壅高，最大波动幅度达原始波高的3倍左右。较高基床时，基床顶水深等于0.8～1.7倍波高的条件下，墙前将出现破波，墙上破波压强增大，最大破波压强可达立波压强的2倍以上，且最大压强作用点高于静水位，这不利于墙身的稳定。更高基床时，波浪将破碎在基床顶上，墙上承受较小的破后波压力。基床继续升高将使波浪破碎在基床斜坡上，墙上只承受波浪破碎后形成的上爬水流作用，其压强更小。破波作用是混成堤的主要问题与难点，发生破波的条件复杂，影响因素多，而基床的高低又直接影响工程造价，故在实际应用中须慎重选择基床高度和考虑直墙须承受破波荷载。

4. 轻型防波堤

根据波浪能量集中在水体表层的特点，离水面3倍波高的深度范围内就包含了能量的90%以上，把消减波能的措施或装置也集中在水体表层，离水面一定深度范围可望取得最佳效果，这是完全合理的。近数十年内探索新型防波堤的研究取得不少成果与进展，其主要特点与常用的重型防波堤完全不同，都是属于轻型防波堤的范畴，其中透空堤和浮堤实际应用的可行性较大，而喷气堤和射水堤仍处于继续探索中。

海底管道

海底管道是海洋石油开发不可缺少的工程。海上油气田的油、气、水，当输送量达到一定程度时，采用海底管道输送是一种安全、经济、可靠的方式。投产以后，可以不受气候和天气的影响，连续不断地一直运行下去，是海上油气田的大动脉和生命线。当然，海里铺设管道，

海上管道施工

比在陆地铺设管道要复杂得多，费用也高得多，有投资高、风险大、效率高、技术复杂的特点。

实际使用的海底管道，是一个系统工程，包括铺在海底的管道部分、管道立管部分及附属构件部分。

按输送的介质的不同，海底管道分为输油管道、输气管道、输水管道、油气混输管道和输送液化石油气、液化天然气，以及输送煤浆、矿物浆海底管道。

海底管道按其作用分为两类。一类是涉及海洋石油开发用海底管道，包括油田内平台间的管道，各油田间的管道和油田登陆管道。另一类是海上通往卸油终端的管道。终端有卸油码头或单点系泊转油站。

立管是海底管道系统一个重要组成部分，是海底管道与平台或其他生产设备之间的管路，其底部在海底的膨胀弯也属于立管的一部分。有的立管设在结构内部，受保护的条件好；有的设在结构外部，如导管架上设的立管，属外部立管，受环境荷载，如风浪、海冰的直接作用。在冰区的立管，需要特殊加强。现在，渤海通常采用的做法是在立管外加一层厚壁的抗冰护管。这是既经济

海底管道焊接

又简单的做法。

海底管道铺设好之后，要长期在海里运行工作，管道的内外表面腐蚀，将严重影响使用寿命和生产安全，而且管道维修工作是极其困难的。因此，做好管道防腐工作显得异常重要。通常，管道防腐采用表层涂层和阴极保护联合作用的办法。涂层时要确定涂料种类和涂层厚度。阴极保护有两种办法，一是用牺牲阳极，一是外加电流。目前使用牺牲阳极的较多。阴极保护要根据保护电位、保护面积及保护时间来确定阳极块的大小、分布和保护电流的大小。

1. 海底管道施工

施工分两个环节，一是陆上预制管段并组装，二是海上铺设安装。在预制场对钢管进行外形、精度、质量检验合格后，焊接成适合铺设的管段长度。同时，在陆地做好防腐处理。海上铺设一般有铺管船法、海底拖管法和浮运法。

海底铺设的管道，基本都要埋设，因为管道在海底长期经受波浪、海流的作用，容易产生冲刷、淘空，对管道强度、稳定产生不利影响，另外，航运、抛锚、渔业生产也容易对裸露的管道造成破坏。因此，

管道埋入海底以下安全性能好。管道埋设分为先挖沟和后挖沟。管道未放入海里之前，按预定路线把沟挖好，然后把管放入沟内叫先挖沟施工。管道放入海里后顺着管道挖沟叫后挖沟施工。挖沟的方法有专用挖沟设备挖沟和高压水冲挖沟、挖泥船挖沟和爆破挖沟等多种方法。目前国内海底管道埋入海底多数是 1.5 米左右。管道放入沟里后还要把沟回填，有的回填沙石、土料，有的靠海洋动力作用自然回填。

2. 国内外现状及今后发展方向

我国海底管道建设起步较晚，这和海洋油气开发起步晚也有关系。1973 年，首次在山东黄岛铺设三条输油管道，水深 12 米，输送胜利油田原油。1985 年，在渤海埕北油田铺设了 1.6 千米输油管道。随后，在渤海北部用铺管船铺设了 20 多条输油和输气管道。在渤海南部胜利油田浅海铺设了 50 多条输油和注水管道。近几年，在广东惠州及茂名，在南海、东海都铺设了多条管道。最近 20 多年，我国已铺设海底管道达 2000 千米。预计在今后几年内，在渤海及南海，还有不少海底管道要铺设。我国的海底管道建设，自起步后，20 多年的发展速度还是很快的。

世界上出现海底管道最早是在 20 世纪 50 年代。那时，海上油田离岸较近，为了解决海上储油和运输问题,为了不受海上风浪的影响，人们想到用海底管道这一工程措施，以缩短油田与大陆间的距离，方便生产操作。从那以后，在北海、墨西哥湾、马拉开波湖、波斯湾、库克湾等海域，都铺设了纵横交错的海底管道。而且铺设技术也得到很大提高。据 1990 ~ 1995 年的不完全统计，全世界已铺设 21806 千米管道，其中亚洲 5579 千米。据第十四届世界石油大会论文集报道，从北海通往比利时的海上天然气管道，直径 1016 毫米，沿途水深 80 米，两清管站间的距离为 815 千米，是世界之最。还报道，世界上最深的海底管道在墨西哥湾铺设，直径 324 毫米，水深达 830 米。目前，

管道铺设船

还在向更深的水域发展。

现在，海底管道建设在世界上正蓬勃发展着，在工艺技术、内力计算、环境条件、施工方式方法、检测手段、登陆问题、防腐方式、管道材料等方面不断涌现出新技术新方法，从而加速了海底管道的发展应用。

目前输油海底管道都是双层管保温结构。作为保温护套采用的外管，约占总用钢量的2/3。因此，研究采用单层管，去掉外管，有实际意义，可节省大量钢材，也给施工带来很大方便。这里，研究保温防水新材料是关键问题。1999年6月，在胜利油田浅海区，试验铺设了一条长880米、直径150毫米单层输油管道，用在两座采油平台之间。

大口径（70厘米以上）海底管道的应用。现实中，有时大口径海底管道是经济合理的。但这种管道实施还不多，还有些技术难题需攻关研究。

海底管道检测方法及仪表的研究，还应继续加强。这不但与本行业的技术有关，还与电子、机械行业有关，需协同研究。

到目前为止，我国还没有关于海底管道的国家规范，只是有等同采用的外国规范和行业规范。因此，应该既有符合国际通则又有结合中国实际的国家规范。

海洋储藏——空间利用新进展

在海洋中储藏货物和倾倒垃圾，可以说是海洋空间利用过程中名正言顺的一个方面。现分别介绍如下：

1. 储藏货物

为了储藏货物，就必须建立一批海洋储藏基地。在基地内可以储藏石油、矿石、粮食或核燃料等。根据储藏设施位置的不同，可以分为海上和海底储藏基地两种。在当今兴建的各种设施中，又有浮体式和坐底式之分，它们的主要功能是储藏石油。

海上石油的储藏一般是将贮油设施建在海底，人们称它为坐底式。这一设施就建筑方法而言，有四种类型：周围填筑式，就是在贮油罐座位的海底四周填以土石，使油罐高出海面；周围填筑式油水置换设备，它的建筑基本方式与第一类相同，不同之处在于油罐下部贮水；防波堤式，这一设施是在海中贮油罐的周围建立防波堤；轻型防波堤式，所谓轻型式，就是在海中贮油

石油储备

罐的周围设立喷气、射水等类型的防波堤。

除了储藏石油以外，世界上许多海洋国家已开始研制可储藏其他物品的海中设施，有的已经建成并且投入使用。美国正在建造世界上最大的液化气体贮藏基地；日本正在研究海上贮煤的方法，以及液化石油气技术，并拟定了建造海底仓库的方案。

由于海底水温低、温度变化小，所以，除了贮藏石油、煤炭以外，还适于建造海底贮藏粮食的仓库。

2. 倾倒垃圾、废物

随着现代工业的飞速发展，各种产品大量增加，与此同时，也带来了数量大得惊人的各种无法再利用的垃圾。于是就向环保专家提出了一个严峻的课题：垃圾出路何在？

世界上第一座海上污水处理水库

多年来，美国纽约市的环境保护科学家们，一直在寻找一种应急排放因暴雨而产生的大量污水的办法，但结果都不理想。后来，他们受到瑞典科学家提出的建造海上浮体水库设想的启发，在邻近纽约的海湾建造了一座可容纳 450 万升液体的海水污水处理水库，取得了非常好的效果。这座水库的原理和浮体水库是一样的。下暴雨时，人们便将大量的雨水、污水混合物导入海上水库，再经过净化处理，污水就又变成清水了。

污水处理

回答是：将垃圾送入大海底部。当然，这里有一个前提，那就是必须防止污染海洋。

环保专家提出这样一个设想并不是没有根据的，他们是从地质学家的研究成果中得到了启示。

地质学家经研究后发现，地球板块在洋底的海沟处是俯冲深入到地球内部的。环保专家根据这一理论，便想把大量的垃圾，特别是放射性废物，送入海沟之中，让它们随着板块的俯冲而消融在地球内部。解决垃圾危害的这一办法，应该说还是比较圆满的。

对于工业垃圾，尤其是危害极大的核废料，是当前最迫切需要寻找出路的一个重大课题。这是因为，在当今世界上，已投入运行或正在建造以及尚在筹建中的核电站已遍及五大洲的35个国家和地区，此外，还有7个国家正在建造核动力工厂，加上核能在军事上的使用，把这三笔账加起来，可是一个不小的数目。一句话，产生的核垃圾正在不断增加，解决的办法之一是将这些垃圾送入海底。据有关资料介绍，要使核垃圾的放射性达到不至于造成危害的程度，大约需要1万年之久。这就需要选择一个远离人类，更精确地说，要选择一个与生物圈隔绝的永久性场所。

储藏核垃圾的方法，是用钻探船在厚层沉积物海底先钻一个垂直钻孔，然后把经过处理的核垃圾装入坚固的金属罐之中，再把某一批金属罐依次放入钻孔内，各金属罐之间利用黏土隔开一段距离，最后用黏土沉积物把口封起来。另一种办法是将金属罐放入海水中，让它们自由降落，使它们沉入20 ~ 30

厘米厚的沉积物中。经过上述方法处理后，即使数百年后金属罐因海水腐蚀而破损，也可以使放射性污染不至于扩散得太快、太远，仍可起到与生物圈隔绝的作用。总之，科学家们将找到处理“危险垃圾”的最佳方法。

码头——海洋运输的起点

防波堤可以形成人工掩护港内水域，为港口改善所需海洋环境，常是建设水陆转运枢纽的前提与关键。而码头是港口实现水陆转运的主体。码头常指，供船舶停靠、货物装卸、旅客上下或进行其他专业性作业，发挥转运主要功能的水工建筑物。从广义上理解，码头应包括整个转运的作业地带，前沿装卸设备作业区、中部仓库、堆场作业区和后方铁路、公路集疏运区。按主要功能，港口重点是货运码头和客运码头，前者数量多、运量大、种类多；后者相对较少、较单一。前者常有件杂货、集装箱；煤炭、矿石、建筑材料、粮食、化肥等散货；原油、木材等专用码头等。此外，还需工作船码头，供拖轮、交通船、供油与供水船靠泊用；修船码头，供船舶修理、船厂舾装用；有时还有军用码头和渔用码头。根据码头的实际使用要求、建造码头处具体的地基特点和水文条件等，其结构型式主要有重力式、板桩和高桩3种码头，重力式码头是一种常用形式，其重力墙种类也多样。此三类型式都是直立式码头，前沿临深水，利于船舶停靠与装卸，这也是海港中广泛采用的。

古朴的码头

1. 重力式码头

要形成临海前沿具有一直立式的工作面条件，码头建筑物必须能承受背侧后方堆土或填土的土压力、码头顶面各种设施的重量和装卸作业过程中的各种荷载、码头前沿船舶作用力和静水与动水压力以及地基承载力和地基变形的影响。重力式码头主要依靠临海的重力墙，用其自身的重量来保持建筑物的稳定。码头由重力墙及其基床与上部结构，墙后回填沙、石等组成。重力墙可以采用混凝土方块砌筑、钢筋混凝土沉箱或扶壁式墙等形式。

重力式码头一般使用于较好的地基，基床需整平夯实；预制和起重吊运量大；完成后整体性好，坚固耐久、维护工作少；由于回填材料用量多，需考虑供应来源。

2. 板桩码头

形成临海前沿直立式工作面条件，板桩码头主要依靠临海的板桩墙，垂向打入地基一定深度，稳固下端，也防止墙外侧淘刷影响，上部在内侧一定距离处设锚定结构，用拉杆同板桩墙连接，防止墙内侧填土后向外倾斜变形，用拉杆拉力和入土部分板桩地基嵌固力来维持其整体稳定。板桩墙纵向各板桩间有凹凸榫连接并用导梁和帽梁加强联系。板桩墙也起着挡土墙作用，受内侧土压力作用,外侧挡水泊船。板桩墙常采用钢板桩和钢筋混凝土板桩，前者强度高、连接好、施工快，但成本高、水位变动区易锈蚀；后者耐久性强、成本低，但强度和连接不如前者。

3. 高桩码头

与上述两种码头不同，高桩码头在岸线陆域前一定距离，临近深水处，采用群桩和桩台相对形成与陆域分离的直立式工作面。桩台上承受各种荷载；群桩多直桩，常采用内侧打一对义桩，有利于桩台承受水平荷载。桩群下岸坡常为自然土坡，桩台后方有直接与岸连接，加设抛石棱体与矮挡土墙，也有用栈桥与岸连接，后者应用甚广。群桩又称为基桩，常用钢管桩或钢筋混凝土桩，前者强度高、施工方便，但造价高、易腐蚀，后者较耐久、价廉，强度高的预应力钢筋混凝土管桩出现后在工程上广泛应用。

此外，与上述固定式码头不同，沿海也有采用浮码头的，由可活动的囤船和引桥组成。囤船浮在水面，可随水位升降，船旁内侧用铰与撑杆连接，撑杆另一端也用铰同固定撑座连接。引桥外端用滚轮搁在囤船面内侧，随船升降而调整，孔桥内端用铰同固定桩台连接，与固定引桥相通。浮码头水陆连接问题是转运的重点，需合理布置。浮码头多适用于掩护条件较好、水位变幅不大的客运码头、渔码头、工作船码头等。

为了保证码头能安全、方便地使用，在其建筑物上常须设置各种生产附属装备，包括对船舶的防冲装置、系船柱与系船环、阶梯与爬梯、供水与供电设备以及其他管道等。防冲装置对码头安全重要且船舶与码头的碰撞十分频繁，要很好重视。常采用护木、橡胶护舷、靠船簇桩等。橡胶护舷具有足够的弹性且坚韧、耐磨而不易损坏，可吸收部分船舶碰撞能量，减少码头冲击荷载，防止两者撞损引起事故，且耐久、价廉，已得到普遍采用。

随着海港向深水发展，大型和巨型海轮本身抗浪能力强，新型无掩护开敞现代化深水码头发展迅速，考虑到波浪袭击，码头结构采用透空式结构，码头面高程高出海平面较多，避开波浪直接作用。如建造栈桥式码头伸入海域，桥上敷设油管、皮带运输机械，用来运送石油、矿石。如在深水建造岛式码头或墩式码头，再用油管和岸上连接。

现代世界上跨大洋长距离石油运输较多使用20万～30万吨级超巨型油轮，满载吃水达19～23米，需21～25米以上水深的海域，一

青岛集装箱码头

般离大陆岸边较远，可达10千米以上，开敞海域风、浪、流作用强烈。这样的海洋环境难于兴建岛式或墩式码头，10余年来采用单点系泊设施，一种深水海域特殊形式的巨型油轮码头，由单个固定于海底的圆柱塔架或专门浮筒和与岸连接的海底油管组成，这是石油运输的重大突破。塔架或浮筒是一种新型装置，前者用支撑结构固定于海底，后者用多根铁链锚系于海底的沉块，两者都装有特殊的旋转系泊接头，油轮用钢性连接或柔性缆绳靠泊。由于在海上风、浪、流的作用，油轮不能固定位置与方向，而要随其合力方向摆动，即绕塔架或浮筒自由转动，故称单点系泊。此时，旋转系泊接头是关键，保证油轮自由转动时，安全有效地装运石油，且使用方便和耐久。塔架和浮筒内有油管与岸连接，油轮靠泊后，用悬浮软管同塔架或浮筒的油管启闭阀门连接，打开阀门即能同岸上装运石油，岸上有相应的油泵房和储油库。连接阀门的油管上也有相应的旋转接头。旋转接头要用高强复合材料，是一项高新技术，重要国际专利。日本已建有30万吨级油轮单点系泊码头。

独立号航母

海上运载火箭发射场和航天港

目前，由于科学技术的飞速发展，一些国家计划在海洋上建立大型运载火箭发射场和筹划建设国际航天港。

大型海上运载火箭发射场，按所在海区可分为沿海型和远洋型，前者位于各国的领海内，运输补给方便，后者远离近海，有时还深入赤道水域实施作业；按运动方式分为固定式和机动式两种，前者为岛屿或海上人工平台，后者多为运载火箭发射船，有自航能力，可以洲际续航；按使用期限又可分为临时型、短期型和永久型；按技术复杂程度分类，又可分为简易型和综合型。

美国研究的浮动大型海上运载

火箭发射平台能搭载起飞总重达3000吨的运载火箭，并能耐30米高的波浪冲击，可抵御40米/秒的劲风袭击。日本的海上运载火箭发射系统与美国的浮动拖曳平台不同，它由半潜式自航运输船、发射平台、维护平台、储备平台四部分组成。建立海上运载火箭发射场，对实现航天器从海上发射、遥测、遥控、回返一体化具有现实意义，并有效地扩大和改善了陆基航天基地的功能。

预计到21世纪初，美国在海上将建成3～4个航天港，其中最大的一个将位于太平洋地区。20世纪90年代中期，已着手建设太平洋航天港，其中包括建设2座可发射100吨级有效载荷的发射台，2条可供空天飞机起飞和降落的跑道和1条供运输机使用的普通跑道。90年代末期开始承揽发射卫星业务。21世纪，太平洋航天港各项公共设施将基本配齐，除照常开展发射、回收卫星业务外，还将承接航天飞机和空天飞机的发射和降落业务。届时，太平洋航天港将有15万名的居住人口，其中5万名职工、10万名家属，它不仅是立体交通最发达、最现代化的地方，而且是世界信息、通信中心，著名的旅游胜地。

火箭发射

海底军事基地

海底，特别是大洋海底，因有深水为屏，又有海底地形可用，便于军事设施和军事活动的隐蔽；海底军事基地的建立，将使海上斗争更加复杂，对海洋战场上的防御战和进攻战都会产生战略性影响。因此，一些国家的海军对海底非常关注，正积极开辟海底战场。

要建造大规模海底军事基地，潜水员就要在海底进行较长期的施工作业。长期在海底作业的潜水员，

台风级弹道导弹核潜艇

其生活保证怎么办？他们的生活习惯、心理状态会发生什么变化？生理有何异常，疾病如何防治？劳动强度、施工能力又如何？等等。这一切，都无前人经验可鉴，全靠人们勇敢地去探索。海底居住室就是为解决这些问题应运而生的。这些问题一旦解决，大规模的海底军事基地就能比较顺利地施工建造了。实际上，各国海底居住室，大都是海军领导或参加建造、实验的，并耗费了相当多的军费开支。值得重视的是，海底居住室实验并不仅仅是海底军事基地施工的准备。海底居住室本身就是一个小型军事基地的雏形。经改装，它不仅能发射水下鱼雷、导弹，而且能进行水下侦听，也可以此为基地，去维修，管理或控制其他海底军事设施；或者把它变为武器供应基地，潜艇不必浮出水面在港口基地补充鱼雷或导弹，直接在海底居住室进行补充就行了，既迅速，又隐蔽。当然，海底军事基地不只海底居住这一种形式，但它却是海底军事基地的发展基础。

按照不同的军事用途，海底军事基地大致有以下四种：

一是海底长器、燃料和食品等补给基地。这种基地的好处是，不受海面状况的影响，能方便地向潜艇提供补给品；若在海底有计划地建立一个个补给基地，就可大大提

高潜艇作战能力，延长水下航行时间。美国一些石油开采公司，已在大洋的几处水域建立了海底储油库，随时可供海军使用。

二是建立海底侦听基地。当前，主要是利用水声设备、探测和跟踪敌方核潜艇活动动向，并向指挥部门发出警报。

三是建立海底武器制造基地。一般来说，陆地上的武器、装备制造厂都是敌方比较重视的战略攻击目标。把这些兵工厂建造在海底山脉或海底地下，就比陆地上兵工厂隐蔽、安全多了。

四是建立海底鱼雷、水雷和导弹基地。美国的“捕手”是锚雷和“米 K–46”鱼雷相结合的产物。“米 K–46”装入轻型鱼雷箱内，靠雷索悬浮在海底附近。“捕手”有警报系统，包括换能器、记忆器和能源。记忆器能识别敌我目标信号，当发现是敌方目标时，就发出信号，密封雷箱的盖子自动打开，鱼雷就出来进行圆周搜索，发现目标后，由鱼雷声自导系统导向目标。苏联海军上校科西柯夫说，要在格陵兰和不列颠岛之间的海底建立 1000 千米的雷障，有 500 个“捕手”就足够了。美国正在加紧研制的水下鱼雷发射器，可安装在海底阵地上。除在海底建立鱼水雷阵地外，美国国防部正筹划在大洋底部署导弹基地。他们准备把一部分导弹基地设置在大洋山脉的山脊上。他们认为，在离美国大陆数千千米之外，按纵深梯次配置这样的导弹基地，就会大大提高美国作战能力。英国也在计划建立海底导弹基地，这种导弹装置类似美军的“捕手”；导弹装在特制的箱中，由潜艇鱼雷发射管投送到海底，遥控系统发出一定的信号，导弹箱自动浮起，在水面打开密封盖，导弹即可发射出去。

按照海底基地在海底的位置，海底基地又可分以下四种：

一是建立海底山脉上的海底基地。海底并不是平坦无垠的。由于地壳的升降、褶皱、断裂、地震和火山活动等等，海底象陆地一样也形成高山、平原、高原和洼地等各种地形。在大陆边缘（包括大陆架、大陆坡和大陆基），除有较平坦的海底外，还有岛弧，岛弧露出水面的部分就是海岛或群岛。在大洋盆地，地形平坦而广阔，但却有许多纵横交错的海岭向四面八方绵延，另外，还有珊瑚岛、火山岛形成的高地，在约 1000 米或更深的海底有孤立的山地，叫作海底山，深度大于 200 米的海底山，顶部如平台，叫平顶山，海山成群，即称海山群。大洋中的巨大山脉叫洋脊或洋隆。

这条洋脊起自北冰洋，纵贯大西洋，向东北直插印度洋中部，然后又延穿太平洋，形成环球的巨大山系。它突出海底高达2000～4000米以上，数百千米宽。海底这么多的高山峻岭，大有选用海底军事基地的余地。前面已述及，美国就打算把海底基地建立在海背上。建在海底在山脉上的海底基地，由于和山脉连在一起，又有其他山脉的遮挡，有一定的隐蔽性，但也会被越来越发达的水下探测系统发现，一旦被敌方发现，就可能被摧毁。

二是建立海底地下军事基地。海底上有厚厚的海水阻隔，已相当隐蔽了，再深入海底之下的地层，那就更加难以被敌发现。有人曾设想建造三种类型的海底地下基地：①与陆地相通的海底地下基地，如在大陆沿岸或大的岛屿沿岸海底，向内陆挖掘通道，在通道纵深扩建成潜艇地下港口和码头。对这种基地，可在陆上建立隐蔽的出入口，通过升降电梯等装置更换人员，运送补给品，对基地进行维护和管理。目前，技术先进和经济发达的国家，建造这种海底基地已不存在困难，而且有些国家已建立了这种基地。②远洋浅海地下基地。建立这种地下基地，可由水面钻井平台进行施工。首先钻挖垂直通道，然后从底部向侧旁开挖。一个基地可有数个垂直通道，垂直通道的多少，视地下基地的规模而定。③远洋深海海底基地。这种基地的形式与远洋浅海地下基地类似，只是由于海水太深，要使用海底钻井装置施工，技术更加复杂。

三是建立海底悬浮基地。这种基地的武器装备大都是用锚索或锚固定在海底的，使武器装备悬浮于海底之上。若用锚固定，就要考虑海底地质，因海底底质直接影响锚的抓力。海底较平坦。又是黏土，锚抓力最大，泥沙质海底次之。如果海底坡度较大，底质是沙砾、碎石、贝壳和岩石等等，锚抓力就差，甚至不起作用，一般不适于锚定。此外，还应考虑海流等因素对武器载备冲移的影响。

四是建立活动的海底基地。这种基地的好处是，根据形势的变化和作战需要，能随时移动位置，机动性强。利于隐蔽，安全地作战。这种基地可坐落于海底，但要注意坐落稳定，起浮迅速。一般来讲，海底应平坦些，若坡度超过一定限度，就影响基地的稳固性。还应考虑海底对基地起浮的吸力。黏土、泥沙，对基地吸力较大。1970年6月，美国“海神”水下居住室在夏威夷试验场实验时，由于压载舱出

中国海军编队

现故障，浮力不足以克服海底吸力，致使“海神”在160米深的海底停留了4天，直到水面支援船送气后才勉强上浮。这种教训，是值得坐落海底基地时借鉴的。海底地质硬，吸力较小，但应避免坐落碰撞。日本“海底居住基地”要在泥泞的海底作业，因而每根支撑柱的底部都装有钢碟支撑板，而且支撑柱底端是带锥头角的锥体。这样，可防止支撑柱过深地陷于泥中，减少吸力。这种经验，也是值得借鉴的。

总之，海底军事基地的建设，除与海洋环境其他因素有关外，海底地形与地质对海底基地建设影响是很大的。因此，美国、俄罗斯等国家极为重视对海底地质的调查和研究。

海底基地的建设靠潜水员。各国海军的海底基地一旦建成，平静的海底就会变成一个个大兵营。因此，潜水员——蛙人，将是未来海军中一支不可忽视的力量，是海底兵营中最活跃、最有威慑力的主力军。

海洋油气田开发

1. 勘探技术

为了掌握石油和天然气在海底埋藏的地点、分布范围及储量的多

少，人们通常先采用地质勘探、地球物理勘探和地球化学勘探等多种间接勘探方法。其中，海洋地球物理勘探技术，简称海洋物探技术，是发展最快、最重要的技术。它是应用物理学原理研究海底地质构造、寻找海底油气田的方法，即在专用的调查船上，使用船舷重力仪和磁力仪、海洋地震勘探系统等特殊设备，以及各种无线电导航定位、卫星导航定位和精密定位仪等装备，来寻找有利于聚集油气的地层和构造。而最重要和最常用的是海洋地震勘探，在勘探早期也采用海洋重力勘探和海洋磁力勘探。

（1）海洋地震勘探法。在进行勘查时，从调查船上使用一种人工震源，在水中激发产生地震波，对海底内部结构进行勘探的方法，叫作海洋地震勘探法。

海洋地震勘探法能连续作业，并且由于地震波在水中激发接收条件较均一，所以它要比陆上地震勘探效率高、成本低、质量好。因此，人们把海洋地震勘探法看作是进行海上油气勘探最基本、最主要的方法。

目前，通常使用的海洋地震勘探的人工震源主要是空气枪震源，一定条件下也采用水枪震源、电火花震源等。近几年来，海洋地震勘探技术又有了新的进展，建造了高级地震船，采用了最新的三维地震勘探技术。

海上石油勘探

（2）海洋重力勘探法。海洋重力勘探法是通过装在船上的重力仪进行测量来实现的。它测量重力场的强度或重力场强度增量，进一步了解沉积岩的厚度和基岩起伏情况，划分所测区域的区域构造单元，并研究隆起的性质，再与其他物探资料相结合，来圈定油气远景区。这种勘探方法通常与地震勘探法同时进行，其投资少、速度快、效率高，是海洋油气勘探早期中常用的手段之一。

（3）海洋磁力勘探法。海洋磁力勘探法是通过在调查船后或飞机后拖着的磁力仪探测和研究所测海区的磁场异常，以确定海底下磁性基底上沉积层的厚度、地质构造。现已成为寻找石油和天然气资源的早期判断手段之一。目前，调查船上用的磁力仪有饱和式磁力仪、核子旋进磁力仪、光泵磁力仪或海上梯度仪等。

上述海上油气物探方法在国内外都已获得广泛应用。

2. 钻井技术

海上钻井是油气勘探开发中必不可少的技术手段。它是在海上物探基础上进行的，是对海底石油和天然气情况的详查。通过对钻井取芯的分析，可搞清地层的岩性和油层的厚度情况。由于海上作业环境条件与陆上完全不同，所以海上钻井技术难度大、投资多。在海上钻井必须建造高出海面、置于海底的各种钻井平台，把钻机装在平台上进行钻探，称为固定式钻井平台。若在海上采用漂浮式的钻井装置，即为活动式钻井平台。自20世纪70年代中期以来，海上油气钻井技术逐渐向着自动化方向发展，在钻井设备的自动化和自动控制技术方面都获得新的突破，完善了一整套钻井计算机控制系统与网络，以及异常地层压力控制与预测技术和随钻测量系统，使用了高精度的卫星、无线电和声学定位技术，卫星数据传输通信技术和高精度的动力定位技术等。

海上钻井平台建造

海上钻井数量和钻井水深是钻

井技术水平的综合反映。从国家来看，近年海上油气钻井 50 口以上的有 17 个国家，其中，美国、英国、印度和印度尼西亚的海上油气钻井数超过 100 口。

世界最高的石油钻采平台

1988 年 9 月，美国壳牌公司在墨西哥湾水深 411 米处建造了一座世界最高的石油钻采平台——布尔温克尔平台，仅它的导管架就有 416 米高，重量约 5 万吨。安装完后的平台，连同钻井架的高度达 492.3 米，总重 7.8 万吨，平台面积为 122 米 ×146 米，有 60 个井孔，两台钻机可同时在甲板上操作。这是一座大型整体钢结构钻井平台，是为开发深水的格陵峡谷油田而建造的。由于它的重量和大小都是创世界纪录的，因此，拖航和水下就位，就要使用特殊规格的大型驳船来承担。

在钻井水深方面，国际上把水深超过183米的钻井看作深水钻井。自 1965 年美国埃克森石油公司在南加利福尼亚近海用“卡斯”1 号钻井装置钻出水深 193 米的世界上第一口深水井之后，深水钻井数量不断增加，水深也不断加大。1992 年，巴西研制的海上浮式生产系统，在 Marlin 油田创造了 325 米水深海底钻井的世界纪录。

目前，世界海水钻井多采用活动式钻井装置。这类钻井装置既能保证钻井时的平稳性，又具有易移动且能适应各种水深的优点。它大致分为自升式、半潜式、坐底式和钻井船等类型。据统计，到 1997 年底，世界上固定式和活动式钻井平台达 7384 座，仅 1997 年就安装 275 座。

（1）自升式钻井平台。自升式钻井平台又称为起重型或桩脚型平台。这是一种能自行升降的钻井平台，它由平台甲板和桩脚组成。在平台甲板与桩腿之间有液压式或电动齿轮齿条式升降机，可使两者做相对升降。在钻井作业时，桩腿下降支承于海底，平台甲板沿桩腿上升撑出海面，达到不受波浪影响的高度。它一般不能自航，在移动时，平台甲板降至海面，然后利用平台浮力及升降机将桩腿拔起，进入拖航状态，移向新的钻井位置。这种平台钻井作业稳定，能在大风浪中工作，适于在 10 ~ 110 米水深的海域钻探。最近又发展了适用于海洋恶劣环境的巨型深水自升式钻井平台，作业水深已达 160 米。

（2）坐底式钻井平台。坐底式钻井平台又称为沉浮式钻井平台。它是工作时下沉坐底，移航时上浮于水面的钻井平台。这种平台的上部为工作甲板，下部为浮箱（兼作沉垫），其间由若干根立柱连接而成。平台甲板上设有钻井设备、钻井器材与人员舱室。浮箱内设压载水舱，当平台到达钻探海区位置后，往压载水舱内注水下沉到达海底，甲板高出海面一定高度，进行钻井作业。当钻井结束后，将压载水舱内的水排出，平台浮起。这种平台的作业水深受立柱的长短限制，一般只适于在 5 ~ 30 米水深的海域作业。

（3）半潜式钻井平台。半潜式钻井平台又称为立柱稳定式钻井平台由平台、立柱和下体或浮箱组成。平台上设有钻井机械设备、器材和生活舱室，供钻井工作用；下体或浮箱提供浮力，沉没水下以减小波浪的扰动力。平台与下体连接的立柱，具有小水线面的剖面。半潜式钻井平台的类型极多，按下体的形状分，有沉垫型和下船身型。前者是具有全方位阻力等同的优点，后者具有移航时拖着阻力小的优点。这两种平台都用下部的“浮室”通过立柱支撑整个平台。一般在 30 ~ 300 米水深作业时，采用常规的锚泊定位系统；在 600 米深水海域作业时，采用动力定位系统。近年发展的新型双功能半潜式平台，能在 2000 米水深的海域进行钻探和生产作业，使钻探和采油集中在同一平台上。

半潜式钻井平台

（4）钻井船。钻井船指装有钻井设备并浮在水面进行钻井作业的船。这种船稳定性差，作业效率低，但其具有在水深大于600米海域钻探的能力，并且具有船身阻力小，移动井位方便的优点。自20世纪60年代开始，又在钻井船上安装了动力定位装置，它是利用装在船底部的检波器，接受由海底声呐信标发射的信号,通过船上的计算机，自动指令船的推进器工作，调整船只的偏移，使钻井船始终保持在井口上方容许钻井的范围内。最近发展的第2代钻井和采油作业船，可在1000米水深的海域作业，在钻井的同时可进行储油。

3. 开采技术和装备

海上石油和天然气的开发，经历了由沿岸、近海向深海域发展的过程。最初，人们把钻井设备安装在海岸边，从陆上向海里打斜井开采海底油气，后来，又在海边建造木结构的栈桥，或在浅海区建造人工岛,用于安放钻井设备进行钻探。第二次世界大战之后，随着海岸工程技术的发展，在近海出现了各种采油平台。1947年，美国在墨西哥湾建造了第一座远离海岸的钢导管架固定式采油平台，并钻出第一口商业性石油井，它标志着海洋石油开发进入了一个新阶段。据统计，

钻井船

到1997年底，世界海洋主要油田有2648座，其中北海311座，西非近海201座，东南亚近海202座，北美近海1482座。目前，世界上已有45个国家的100多家石油公司在海上开采石油和天然气，其采用的主要技术设备有固定式生产平台、浮式采油生产系统、海底采油装置等。

（1）固定式生产平台。这种类型的采油设备是下端支撑且固定于海底的平台。主要有钢导管架桩基平台、张力腿平台（TLP）、系索塔平台。大的整体型海上采油平台。

（2）浮式采油生产系统。浮式采油是使用浮于水面的船或半潜式平台以代替固定式平台的采油方式。浮式采油生产系统是由井口装置、采油分离装置、隔水管、采油平台、储油运输设施和系泊系统组成。1975年，在北海用半潜式平台改装成的第一个浮式生产系统，日产原油5.48×10^3吨，通过悬链式锚腿系泊浮筒和穿梭油轮输送石油，这是世界上首次使用浮式开采石油的设备。目前，浮式采油生产系统的作业水深已达300米。

（3）海底采油装置。随着自动控制技术和深潜技术的发展，近年出现了新型采油技术——海底采油装置。它是把整个采油装置、油气分离装置和储油系统都安装于水下，组成海底采油系统。

这种采油系统是1960年由美国研制成功的。它通过采油装置和许多汇集油气的管道把海底多口生产井采出来的石油集中到海底储油罐或采油平台中。开采操作则由在船上或陆上的遥控装置进行控制。由于这种采油系统可以避免风浪对油气生产作业的影响，而且建造成本低、完井时间短，很适用于开采深海油气田和边际油气田，所以很有发展前途。目前，海底油气生产系统已能在300米水深作业，正在开发研制400 ~ 752米，甚至1000米水深的海底采油平台。

你知道吗

世界最大水深的海上石油平台

美国壳牌石油公司所有的科涅克石油平台，重4.6万吨，共10条腿，是当时世界上最大的海上石油平台，1978年7月28日用驳船拖入墨西哥湾，在水深342米处进行安装，到10月底，包括所有钻探设备均已安装完毕。这个海上石油平台总造价2.75亿美元，年生产能力：石油1亿桶，天然气1400多万立方米。

4. 储运技术

储运技术包括储油罐、储油平

浮式储油卸油装置（FPSO）

台、输油管及装卸终端。如按从近海到远海、从浅海到深海的顺序，又可分为全陆式、半海半陆式和全海式储运系统。

全陆式储运系统是把从井口采出的原油，直接经海底管线送到陆地，从油气的分离、计量、脱水直到储存，全在陆上进行，然后再经陆路或海路外运。这种系统适用于离岸很近、水很浅的海上油气田，不需在海上建造油气生产处理装置和储油平台。

半海半陆储运系统，是指油气分离、脱水及计量等作业在海上进行，然后把原油汇集到储油平台，再用油泵加压经海底管线输到岸上储运。

全海式储运系统，适用于远离海岸的油田，其储油、运输的全部过程都在海上进行。

（1）储油罐。这种容器设在海底，又称水下油库，是海上油田的一种储油设备，多呈“倒漏斗型”。其底部坐落在海底基础上，漏斗的出口伸出海面，并配有泵站和输油设施的工作平台。油罐的壳体为非耐压结构，随时充满石油或海水，用以保持罐内外的压力平衡。在波斯湾油田采用这种油罐，储油量约 8×10^4 立方米。也有呈长方形或圆柱形的储油罐，其底部也坐落在海底基础上，上部高出水面，四周筑有防波堤。这类储油罐已在北海油田使用，每只容量可达 1.6×10^5 立方米。另外，还有球形、环形等形式的海底储油罐，其装设在海底的架上。

（2）储油平台。储油平台是一种具有储存油气能力的固定式平台。它采用钢筋混凝土建造，一般适用于深水和可隐蔽的水域。这种平台的储油能力大，当装油船不能及时到达现场时，油井可以继续采油，避免频繁的并井和开井，以保持油井不间断地生产。储油平台的安装费用昂贵，在北海油田一般为 5 亿美元。

（3）海上装卸终端。海上装卸终端是用于把原油直接装入采油平台附近油轮中的装置。该装置可在 360° 范围内转动，使油轮对着

风向停泊。目前使用的装卸终端有多种类型。主要包括单浮筒系泊海上装卸终端和单腿锚式系泊海上装卸终端。

5. 我国海上油气开发技术的进展

我国海上石油和天然气的勘探开发工作是从 1959 年在渤海进行石油物探开始的，1963 年在南海钻了第一口石油钻井，到 1993 年底，仅就中国海洋石油总公司系统的统计而言，总共完成地震工作量 5.37×10^5 千米，钻预探井 234 口，评价井 104 口，钻进总进尺 7.38×10^5 米，钻探 3200 多个地质构造，发现了 78 座大油气田。

目前，我国采取对外合作和自营相结合的方针，使海洋油气勘探开发技术从无到有，现已基本成熟配套。截至 1993 年底，海洋石油总公司共有可移动的钻井平台 12 艘、物探船 9 艘、三用工作船（供应船）35 艘，各种工程船 27 艘。其中，“渤海”1 号是我国建造的第一座自行式钻井平台，自 1972 年 9 月开始在渤海进行钻探以来，20 多年来已钻了 30 多口井；. “勘探”1 号是我国改装的一艘双体式钻井船，于 1974 年在南黄海进行钻探；“胜利”1 号是我国建造的第一座浅海坐底式钻井船，长 56.6 米、宽 24 米，空载排水量 1188 吨，1978 年 6 月在渤海莱州湾进行钻探；“勘探”3 号是我国第一座半潜式钻井平台，1986 年 6 月建成，可在黄海、东海、南海 200 米水深的海域作业；1988 年 9 月，我国建成世界上第一座极浅海“两栖”钻井平台“胜利”2 号，这座平台长 72.24 米、宽 43.14 米、高 59.80 米，自持能力 20 天。它有独特的内体、外体结构，采用一整套庞大而精确的驱动系统，使内、外体交替举升或着地，互为依托地牵引前进或后退，完成整座平台的移动，其作业水深 0 ~ 6.8 米，在水深 2 米以下的极浅海区，又能像人用双腿开步走路那样，以步幅 10 米之距离涉水前进后退，钻井作业可以陆海连片。

在我国海上已发现的油气田中，

建设中的海洋平台

经过对它们的开发评价研究，目前已有17座油气田建成投产。1996年，原油产量1.69×10^7吨以上，天然气产量达到2.69×10^9立方米。

目前，开发这些油气田所采用的海上工程设施主要有以下几种：

（1）浮式生产系统。该系统由井口平台、海底管线、单点系泊和生产储油轮组成。我国多数海上油田都采用这一系统生产。

运输中的海洋平台

（2）固定式平台生产系统。该系统由综合生产平台，储油平台和外轮栈桥组成。固定式平台生产系统由于投资高，目前只有埕北油田采用。

（3）水下井口生产系统。该系统由半潜式钻井船、水下井口、海底管线及系泊生产储油轮组成，适于深水油田。例如，水深300米的流11–1油田就是采用这一系统。

综上所述，目前我国海洋油气开发技术已基本具备了国际上20世纪80年代初的技术水平。我国海洋石油工业是最早引进对外合作机制的企业之一。迄今为止，我国已与16个国家和地区的60多家公司建立了多层次、多形式的合作关系。通过引进、消化、吸收国外先进技术，积极发展我国海洋油气高技术及其产业，使我国海洋油气工业在国民经济中的贡献率及所具备的高技术含量接近或达到国际水平。

第七章 开发海洋更要爱护海洋

随着人类对海洋开发的不断深入，也给海洋带来了巨大的灾难，虽然海洋包容万物，甚至一度用它强大的自净力宽恕了来自人类的污染，但是海洋污染日益严重，污染物让昔日纯净的海洋灰头土脸。保护海洋，没有犹豫的时间。

厄尔尼诺现象与拉尼娜现象

1. 神奇的厄尔尼诺现象

厄尔尼诺现象是指地处太平洋热带地区的海水大范围异常增温现象。这一现象造成了地球温度不断升高,使影响气候的各种因素失衡,从而导致气候异常：该凉爽的地方骄阳似火，温暖如春的季节突然下起大雪,雨季到来却迟迟滴雨不下,正值旱季却洪水泛滥。

厄尔尼诺形成的前兆包括：印度洋、印尼与澳大利亚气压上升；大西洋和太平洋中央、东面的海面气压下降；南太平洋的信风减弱或往东面吹；秘鲁附近的暖空气上升,使当地沙漠下雨；暖空气由太平洋西岸扩散至印度洋与太平洋东面。同时它也会使东部较干燥和有干旱的地方降雨。

对厄尔尼诺现象形成的原因，科学界有多种观点，比较普遍的看法是：在正常状况下，北半球赤道附近吹东北信风，南半球赤道附近吹东南信风。信风带动海水自东向西流动，分别形成北赤道洋流和南赤道暖流。从赤道东太平洋流出的海水，靠下层上升涌流补充，从而使这一地区下层冷水上翻，水温低于四周，形成东西部海温差。

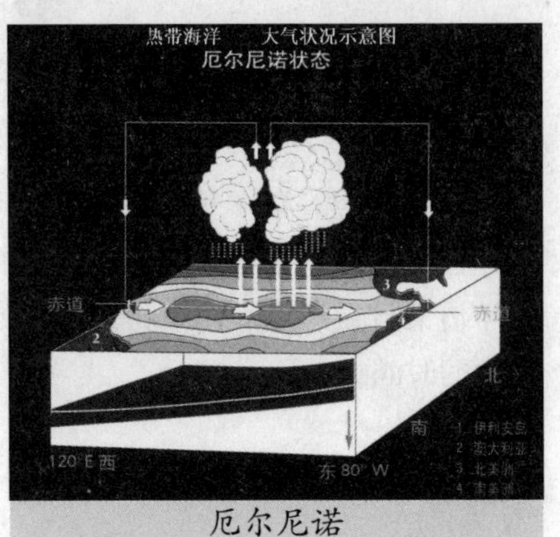

厄尔尼诺

但是，一旦赤道东太平洋地区的冷水上翻减少或停止，海水温度就升高，形成大范围的海水温度异常增暖。而突然增强的这股暖流沿着厄瓜多尔海岸南侵，使海水温度剧升，冷水鱼群因而大量死亡。海鸟因找不到食物而纷纷离去，渔场顿时失去生机，使沿岸国家遭到巨大损失。

由于科技的发展和世界各国的重视，科学家们对厄尔尼诺现象通过采取一系列预报措施，如海洋观测和卫星侦察，海洋大气偶合等科

研活动等，深化了对这种气候异常现象的认识。现在科学家们已经能提前几个月给易受厄尔尼诺影响的人群发出厄尔尼诺来临的警报，从而让他们利用这段宝贵的时间来采取措施以减缓其对人类的影响。

2. 神秘的拉尼娜

拉尼娜是赤道东太平洋海面水温异常降低的现象，正好与厄尔尼诺相反,所以也称反厄尔尼诺现象。

厄尔尼诺和拉尼娜均系西班牙语，前者意为“耶稣的小男孩”，后者意为“耶稣的小女孩”。由于这两种异常的自然现象在发生的时间上常常一先一后，所以科学家们也称其为“一对孪生兄妹”。

厄尔尼诺现象是太平洋中东部海水温度变暖，拉尼娜现象就是太平洋中东部海水异常变冷的情况。

拉尼娜的发生与赤道偏东信风加强有关。偏东信风加强，赤道洋流受信风推动，从东太平洋流向西太平洋，使高温暖水在热带西太平洋地区堆积，成为全球水温最高的海域。

相反，在赤道东太平洋表层比较暖的海水向西输送后，深层比较冷的海水就来补充，因此造成东太平洋海表水温偏低，从而引发拉尼娜现象。

太平洋上空的大气环流叫作沃尔克环流，当沃尔克环流变弱时，海水吹不到西部，太平洋东部海水变暖，就是厄尔尼诺现象；但当沃尔克环流变得异常强烈，就产生拉尼娜现象。一般拉尼娜现象常会随着厄尔尼诺现象而来，出现厄尔尼诺现象的第二年，都会出现拉尼娜现象。有时拉尼娜现象会持续 2 ~ 3 年。

拉尼娜现象会造成全球气候的

厄尔尼诺风云图

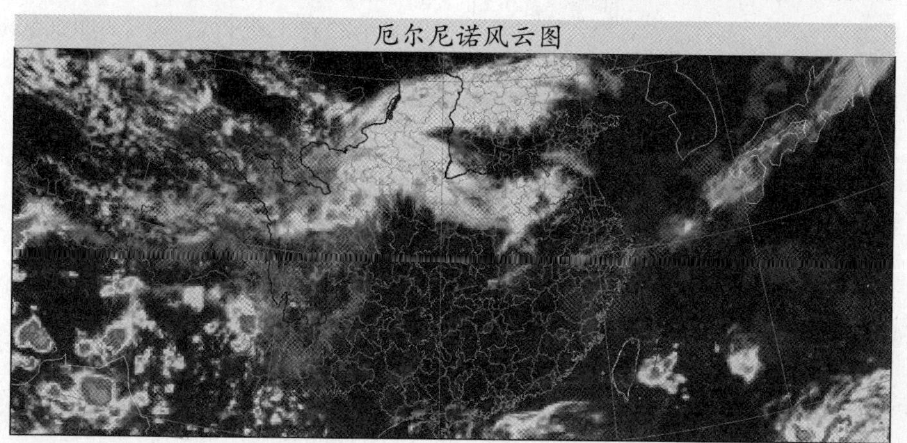

异常。影响包括使美国西南部和南美洲西岸气候变得异常干燥，并使澳洲、印尼等地区有异常多的降雨量，以及使非洲西岸及东南岸、日本和岛地区异常寒冷。在西北太平洋地区，热带气旋影响的区域会比正常偏南和偏西。

海洋污染

1991 年初的海湾战争，不仅给该地区的人类生活蒙上了一层阴影，而且也给这一地区的海洋环境带来了巨大灾难。油轮被炸，使所载原油溢入海洋；油井和输油管道被毁，大量石油像条条“黑河”注入海洋。大家可能从电视屏幕上看到，厚厚的油膜覆盖着海面，海水失去了往日的蔚蓝，甚至连海鸟也被强行穿上了油光光的“盔甲”……波斯湾在痛苦地呻吟着，仿佛无力承受这黑色的压力；波斯湾也在凄楚地诉说着，控诉着油污给其带来的灾难。

赤潮

然而，事实上不仅仅是波斯湾在呻吟，世界上许多海域也都发出了海洋环境污染的“SOS”。于是，人类震惊了、警觉了。许多有识之士在为防止海洋变成“露天油库”、“垃圾箱”和“臭水湾”呼吁和奔忙。

据不完全统计，目前由于船舶运输过程中的漏油、排污，近海石油开采时溢油、井喷和海难事故等原因，每年有 600 万～1000 万吨石油进入海洋。仅以地中海为例，这个仅占世界海洋水面 1% 的水域，就漂浮着占全世界海洋水面 50% 的浮油和焦油。造成海洋如此严重油污染的原因主要是海上石油运输。据统计，约占世界石油产量 60% 的石油是经海上进行运输的，而油轮航线又往往靠近沿海，加之船舶吨位愈造愈大，一旦发生事故，其后果不堪设想。例如，1967 年 3 月，“托瑞·堪庸”号超级油轮在英吉利海峡触礁，所载的 11.8 万吨原油倾入海洋，致使英国和法国沿岸 300 千米长的海域遭到严重污染，大量无脊椎动物、海藻和海鸟丧生。1989 年 3 月，美国埃克松公司的“瓦尔

迪兹”号油轮在阿拉斯加海域搁浅，所载几十万吨石油外溢，酿成特大油污事故，使这一海域深受其害。此外，因油轮洗舱、机舱污水排放和各种船舶排放带有燃油的污水而进入海洋的油每年也有上百万吨。加之近海石油开采时的溢油和井喷等，使蓝色的海洋蒙受着愈来愈严重的“黑色灾难”。

海水污染

石油在海面能形成一层厚薄不一的油膜，据初步估计，目前世界海洋和大陆架区的油膜污染分布面积约占各大洋面积的20%。海面覆盖了油膜，不仅改变了海水的物理和化学性质，如黏滞性、热容量、化学成分和短波辐射的选择性吸收等，还会妨碍大气与海水界面的氧气交换，形成无复氧条件，从而使海洋生物窒息死亡；海鸟也会因羽毛被油膜粘住不能飞翔而丧生。最新研究表明，海洋石油污染将影响海洋生物的正常代谢机能，降低生长速度，还可能引起海洋生物病害，导致大批死亡。海洋石油污染对海洋动物卵和幼体的伤害尤其大，因而可能导致许多海洋动物的绝种。海洋油污染还给人类带来了灾难，在遭受污染的地区人类不仅得不到海洋的“奉赐”，甚至连一处宜人的海水浴场也找不到；油污还会影响海产品的质量，如果人类吃了这些被污染的鱼类、牡蛎或虾蟹，也会生出许多疾病，进而损害健康甚至危及生命。

除石油污染外，重金属也是造成海洋环境污染的一条“祸根”。海洋重金属污染的原因，主要是工业废水和废气的无处理排放。比如，工业生产中产生大量含有各种有毒物质的重金属废水，不加处理直接排入海洋；工业废气中含有的某些重金属污染物质，或随降雨或因其重量太沉自动下降而溶入海洋；工业废渣堆积在海边或直接倾倒入海洋等等，都会污染海洋环境。据粗略估计，每年通过各种途径排入海洋的重金属，汞1万多吨，铜20多万吨；铅30多万吨……如此之巨的重金属排入海洋，又给海洋环境带来了更大的“灾难”。

也许大家会问，海水里不是也

含有汞之类的元素，海底不也有重金属矿藏吗？为什么它们不会污染海洋环境呢？原来，海水中所含的金属元素是水体所必需的构成物，而且含量不高；海底的重金属矿藏在没开采前只是一种瘤状固体，因此,它们是不会对海洋造成污染的。然而，工业废水和废气中的重金属如果直接排入海洋，则会造成很严重的污染。例如，排入海洋的汞主要是无机汞,无机汞在海洋环境中，在某些微生物的作用下，通过一系列生物化学过程，很快就会转化为对生物有致命危害的有机汞，也就是甲基汞。这种汞可迅速地渗入生物体的细胞内，并与蛋白质中的硫氢基相结合，使生物体的活性受到抑制而导致死亡。日本的海洋公害事件“水俣病”就是甲基汞中毒的典型例子。

水俣是日本九州南部的一个小镇。20世纪30年代初，当地扩建了一家合成醋酸厂，40年代后期开始生产氯乙烯。这个工厂在生产氯乙烯和醋酸乙烯的过程中，把大量含汞的废水和废渣排入了附近的水俣湾和大片的海域，污染了海水，毒害了鱼和贝类。沿岸居民吃了这些含汞的鱼和贝类而得了“水俣病”，这种病使得患者小脑性运动失调，视野缩小，发音困难，并可通过母体影响胎儿，引起先天性汞中毒，产生畸胎。

微量的铜是人体所必需的元素，同样，微量的铜对海洋生物不仅无害，而且还有益处。但是，当铜的浓度超过一定的限度时，就会对生物体产生毒害作用。例如，海水遭受铜的污染后，能使牡蛎变绿，人吃了这种牡蛎便会呕吐和腹泻。同样，锌也会使牡蛎变绿，并导致牡蛎幼体的死亡。高浓度的铜和锌还可腐蚀鱼类的鳃和体表，使它们呼吸困难，以致死亡。此外，铅、镉、铬等污染都会使海洋生物遭受伤害，同时也危及人类的健康。

耗氧废弃物污染也使海洋深受其害。这种污染是陆地上居民生活用水和工业废水中含有的大量碳氢化合物等有机物质排入海洋而造成的，因此也称有机污染。耗氧废弃物排入海洋后，被需氧微生物分解而大量消耗海水中的溶解氧，使得靠呼吸溶解氧而生存的浮游动物和鱼类等因缺氧而遭到危害，甚至窒息死亡。同时，有机物被分解后形成大量过剩的营养盐类，从而造成水体的“富营养化”现象，促使某些藻类急剧繁殖，形成所谓的“赤潮”。“赤潮”的出现则导致了海洋鱼类的大量死亡。当“赤潮”末期，大量藻类生物死亡腐烂，尸体被分

水体污染导致鱼虾死亡

解后又会进一步消耗水中的溶解氧，使鱼和贝类等窒息而死。不仅如此，有些“赤潮”生物还会分泌出有害毒素，这些毒素不仅毒杀了鱼和贝类，而且人一旦食用了这些鱼贝，也会有中毒的危险。

人类在利用能源的同时，也会产生出一些废热，这些废热如果排入海洋，就会使局部海域的海水温度升高，从而造成海洋环境的热污染。我们知道，各种海洋生物都有其固有的适温范围，如果超出这个范围，海洋生物的生长发育规律及生理活动就要发生变化，从而妨碍海洋生物的生存和繁衍。大自然中的“厄尔尼诺”现象所造成的悲剧，在人类向海洋排放废热的时候亦会重演。

除上述的污染外，对海洋环境造成污染的物质还有放射性物质、农药、化肥和悬浮固体，等等。这些也都是造成海洋环境恶化的罪魁祸首，是海洋环境保护的大敌。

“护岸卫士”红树林

红树林生长在有淤泥的潮间带海滩。它既喜炎热气候，也爱海潮的浸泡，更欢迎轻浪的洗涤，也能抗御暴风巨浪的冲击。

它们分布在热带和南亚热带的

红树林

淤泥海岸，可分为西方和东方两大群系：大西洋群系以及西太平洋与印度洋群系。全世界有红树林植物种类24科83种。我国的红树林属于东方群系，共有16科31种，如红树科的木榄、秋茄和红茄冬等树种，分布在我国台湾、福建、广东、广西、海南五省、区，总面积约为17000公顷，为世界红树林总面积的千分之一。

红树林奇观。当退潮时，滩涂裸露，红树林的植株显出其全貌。它有三种树根：呈弧形枝状，向外撑着的支柱根；盘于树干基部的板状根；呈网状沿海滩面伸展并分散竖立的呼吸根，可高出滩面20～30厘米。支柱根和板状根可保障红树林的植株屹立海滩抗御风浪。呼吸根可使植株在退潮时呼吸空气。涨潮时，红树林的下半部被淹没，只露出树冠，就像给近岸海水铺上绿毯，构成海中的奇丽景色。

红树林能“胎生”繁殖。翠绿或深绿色的树冠，迎着海风，发出沙沙的响声。当你仔细观察时，会发现在树叶丛中吊着肉红色或暗褐色两头尖尖的小“纺锤”，长约20厘米。这就是它的种子。种子成熟后，可在树上萌发，甚至成为幼苗。当大风或自重加大而下坠时，就会插进泥滩里，幼苗很快就会长成为新植株。假若幼苗落下来适逢涨潮，

它会随波逐流，漂到适宜的海滩生长，就这样不断地扩展、蔓延。

红树林像海滨绿色长城，抗御暴风海浪对海岸的冲击。此外，红树林的庞大根系和它的枯枝落叶，为鱼、虾、蟹等海洋生物和多种鸟类提供了良好栖息地。长有红树林的海滩，其水产品数量比无林海滩多7倍。红树林中有许多树种的种子和果实可作木本粮食，能酿酒，因它富含淀粉。红树植物的树皮含单宁15%～30%，可提取栲胶，可作染料。红树林为海岸增添秀色，也成为可贵的旅游资源。

红树林造福人类，人类应该珍惜它、保护它。由于滩涂开发和海岸工程建设，破坏了不少红树林。

因此，我国加强了对红树林的保护工作，至今已建立了十多个红树林保护区，如广西山口红树林自然保护区。深圳湾红树林区还被国际自然保护联盟列为重要保护区，因为它是国际候鸟迁徙的停歇区。红树林是可以人工繁殖的，在三亚市北部的潮汐河滩上，人工种植的红树，已长出成片的幼林了。

海洋的可持续发展

海洋的可持续发展主要是指通过利用法律、政策手段，依靠科技创新和进步，科学合理地开发和利用海洋资源，提高海洋产业的经济效益和生态效益，确保与海洋相关的社会、经济、资源、环境的协调发展，确保当代人受益，也要给后人留下一个良好的海洋资源生态环境。

人类保护海洋的行动

面对海洋环境的恶化，人类当然不能置之不管。在海洋环境保护方面，人类已做出了，并将继续做出不懈的努力，以拯救海洋，保护地球。

在防止海洋油污染方面，人类已取得了许多成果。除了用各种手段监测海面油污情况、回收及清除油污后的浮油外，主要是采取积极的预防和应急措施，以尽量减少海上石油运输所造成的海洋油污染。比如，针对船舶对海洋造成的排放污染，人们就采取了许多防污措施和技术。国际和各国都制定了有关防止船舶污染海洋的公约、法规、条例和标准。例如，国际海事组织于1973年就在伦敦召开了国际海洋污染会议，签署了《1973年国际防止船舶造成污染公约》，并于1878

年又通过了《关于1973年国际防止船舶造成污染公约的1978年议定书》。这个公约对船舶排放污油、污水和污物的标准都做了相应的规定，从而为减少船舶对海洋的污染做出了努力。1990年11月，世界上93个国家和17个国际组织的代表，在伦敦的国际海事组织总部召开了国际油污防备、反应和合作的大会，在这次大会上通过了《1990年国际油污防备、反应和合作公约》。制定这个公约的目的是为了促进各国加强对海洋油污事故的防范；在发生重大油污事故时，进行国际性合作；交流海洋防污管理技术和经验，提高对抗海洋油污的能力，保护海洋环境。我国在1974年颁发了《中华人民共和国防止沿海水域污染暂行规定》，1982年颁布了《中华人民共和国海洋环境保护法》，并先后颁布了《船舶污染物排放标准》和《中华人民共和国防止船舶污染海域管理条例》。这些都从立法和行政上对防止海洋污染提供了保证。

与此同时，人们还采取了许多船舶防污的技术措施。比如，在油船卸完油后（这些油称为货油），便将用来稳定船舶用的压载水泵入未经清洗的油舱，在航行途中，靠重力的自然分离，使废油浮于水上，然后把油舱下部含油量较少的压载水直接排入海洋。而余下的含油量较高的压载水和清洗某些油舱的洗舱水，则排入特定的污油舱中，再经过油水分离器将水排掉，船舶抵港后，就将货油直接装载于污油的上部。这样就可大大减少船舶污油排入海中的数量。

还有一种技术措施，叫作原油洗舱，即在原油油船卸油的同时，用所载的原油为“冲洗剂”，用固定式洗舱机以一定的压力对货油舱进行高速喷射冲洗、使附着在舱壁、舱内构件等处的油渣、石蜡和沥青等溶于原油中，然后再随货油一起卸出。这种不用海水而用原油清洗油舱的办法，减少了压载航行时的排油总量，减轻了对海洋的污染。

为了防止或减少油轮失事后对海洋造成的严重油污染，人们还提出了对油轮船体进行改造的要求。为此，自进入20世纪90年代以来，国际社会对油轮实行双层壳体的呼声越来越高。油轮建造成双层壳的结构，是一种很好的油污防范措施，油轮一旦发生碰撞、触礁和搁浅等意外事故时，因为有两层保护体，便可以防止货油的外溢或减轻油污染的程度。

为了达到以防为主的目的，船舶上还增设了许多用于防污的设备，

这些防污设备主要有油水分离器、排油监控装置、生活污水处理装置和垃圾焚烧炉等。安装了这些装置，不仅可以防止船舶排污对海洋造成的污染，而且由于不需专程将污物送往岸上处理，从而提高了船舶的营运效益。

我们知道，油水混合液体是可以进行油水分离的，油水分离的方法很多，但主要有物理分离法、化学分离法和生物化学分离法三类。物理分离法是利用油水的密度差、过滤或吸附等方法使油水分离；化学分离法是向含油污水投放聚凝剂，使油凝结成胶体而沉淀，或使水电解后产生气泡，以黏附油液而上浮，从而达到油水分离的目的；而生物化学分离法则是利用好氧微生物的分解氧化作用来实现油水分离的。船舶上所用的油水分离装置，主要是采用物理分离法，经过重力分离，过滤分离和吸附分离等方法使污水中的油水得以分离，从而使船舶排入海洋的水不含或少含油分。

目前，在船舶上还装有油分浓度监控装置，它的作用主要是用来监视船舶排放油性混合物的含油量，使它低于要求的最高极限，以防止船舶排污对海洋造成的油性污染。这种装置主要有舱底水油分浓度监视器、舱底水油分浓度报警器和压载水油分浓度监视装置三种。

舱底水油分浓度监视器一般与油水分离器配合使用，同时还装有一个记录器，以便连续记录含油量。这种记录除记有含油量外，还有时间和日期，并至少保留 3 年。此外，当含油量超过每升 100 毫克时，还可使油水分离器自动停止向海里排水。

压载水油分浓度监视装置通常由油分浓度监视器、计算器、记录器和控制器四部分组成，它能提供瞬时排油量和总排油量的连续记录，以及记录的时间和日期，这些记录至少可保留 3 年。当瞬时排油量超过每海里 60 升时，它可自动停止排放任何油性混合物。

这些装置使人们可随时监控船舶排入海洋中的油分含量，为“净化”海洋起到了一定的预防作用。随着科学技术的不断发展，这类监控装置将不断完善、更新。

船舶上的生活污水也是造成海洋环境污染的一个污染源。如果船舶生活污水（如厕所排出物、泔水和洗脸、洗澡水等）不经处理就排出船外，可想而知，那海洋将会是一个多么狼狈不堪的样子。目前，船舶生活污水都是经过处理后才排入海洋的，其处理方式主要有贮存处理、生化处理和物理化学处理。

船用焚烧炉是船舶上安装的又一种防污设备，它可用焚烧的方法来处理废油、污水、污泥、固体废物以及生活垃圾。在焚烧时，需把各种废物处理成能够均衡燃烧的均质液体，经过焚烧后，必须做到无黑烟、无臭味和烟灰中无细菌，以避免对环境造成二次污染。

以上介绍的是人类在防止船舶对海洋污染方面所采取的措施和技术。同样，在处理工业“三废”和防止其他对海洋环境造成的污染方面，人类也做了许多工作。

为防止重金属和废热等给海洋环境所带来的污染，各国都制定了工业废水和废气的排放标准以及相应的法规，规定了向海洋所排废水的处理程序及所含污染物质的含量，凡不符合排放标准的废水和废气，一律不得排入海洋，并且用行政和法律的手段来保证这些技术的实施。以尽量减少各种污染源，保证海洋的清洁和“健康”。工业废水和废气处理技术及设备，目前关于工业废水和废气处理的具体技术，与船舶防污处理技术大体相同，在此就不详细介绍了。

至于陆上垃圾污染海洋的问题，目前也已经受到了人类高度的重视。为了避免这些生活污物污染海洋环境，人们建起了许多垃圾处理工厂，并选择合适的地点来倾倒垃圾，以免把海洋变成人类的“垃圾箱”。

中国第一艘垃圾处理船

继美国第一艘海上危险废物处理船“阿波罗1”号1984年2月下水后，中国第一艘垃圾处理船“环生一”号，也于1986年6月25日在秦皇岛下水。该船的建成和交付使用，对保护海面、防止海水污染具有十分重要的意义。“环生一”号船长46.5米，型宽12米，船上装备有焚烧炉及污水、污油等处理设备，可同时对各种垃圾进行连续处理。

总之，人类为了保护海洋环境不受污染，已经做出了许多努力，而且正在继续探索保护海洋的新技术。随着人类文明的不断进步，我们所拥有的海洋一定会得到很好的保护，它将永远为人类奉献出丰富而优质的宝藏。

蔚蓝色的憧憬

人们迷恋海洋的蔚蓝，人类更向往海洋中那丰富的资源。随着社会的不断发展，开发和利用海洋资

源已成为全人类的共识，因此，未来的世纪是“海洋的世纪”，是一个充满蔚蓝色憧憬的世纪。

然而，面对海洋发出的“SOS”信号，目睹海洋被不断污染的“惨状”，我们该如何使海洋保持迷人的蔚蓝色，又怎样去保护海洋那富饶的资源呢？这就需要人们，尤其是青少年朋友树立起崭新的海洋意识，充分认识到开发海洋和保护海洋的关系，以便在未来的海洋开发和保护中做出创造性的贡献。

海洋意识，也可称作海洋观，主要包括两个方面的内容：一是开发海洋的意识；二是保护海洋的意识。

海洋是富有的，大自然给予它许多令人渴望的资源。但是，人类要利用这些资源，得到所需要的宝藏，绝不能坐享其成，等待海洋的“恩赐”，而必须主动地去开发和利用它，让海洋为人类社会造福。因此，我们希望立志海洋事业的少年朋友们树立强烈的海洋开发意识，通过刻苦的学习和知识的积累，去掌握开启海洋宝库的“金钥匙”，在未来的海洋开发中发挥主力军的作用。

通常人们说海洋资源“取之不尽，用之不竭”，那只是形容海洋的博大富有，其实这一点并不是绝对的。如果我们不注意保护海洋，破坏了海洋的自然环境和生态环境，那就会使海洋丧失“再生机能”，不仅海洋中的宝藏荡然无存，而且还会给人类带来灾难。因此，我们又要树立起牢固的海洋保护意识，像爱护每一寸土地一样去爱护海洋，像保护我们的家园一样去保护海洋。

你知道吗

休闲渔业

休闲渔业是一种人们用于劳逸结合的渔业活动方式，是以提高渔民收入、发展渔区经济为最终目的的新型渔业。当人们去沿海城市或海岛城市旅游度假的时候，可以参加一些钓鱼、钓虾、捉蟹等活动，这种把旅游观光、水族观赏等休闲活动与现代水产养殖业结合起来的方式就是休闲渔业。

要保护好海洋环境，每一个人都得从自身做起，从身边的每一件事做起。比如，夏季去海滨游玩和游泳，你是否把吃剩的食物和包装袋扔进了垃圾箱或带走了呢？别小看这些废弃物，它也能污染海洋。所以说，保护海洋是我们每一个人的责任，这也体现了少年朋友们的海洋保护意识。当然，要保护好海洋，仅做到这一点是远远不够的，还必

须树立起为保护海洋做出更大贡献的雄心壮志，在未来的海洋保护工作中贡献更多的力量。

新的海洋意识要求人类在开发海洋的同时注重保护海洋，在制订开发计划，实施海洋开发工程等工作中要全方位地考虑利弊得失，不能有短期行为和急功近利思想。开发海洋要保护海洋，而保护海洋又是为了更好地开发和利用海洋，这就是海洋意识的辩证法。

我们需要海洋的蔚蓝色，我们更需要海洋中的宝藏。但愿明天的海洋更美丽、更富有。

海洋动物保护

第八章 科学技术与海洋工程

人类对海洋的探索和考察自古至今从未间断过。历史和实践都已证明，人类对海洋开发利用的每一步进展，无一例外都是科学技术的进步所铸成的。“科学技术是第一生产力”这个命题，无论是在近海、外海、远洋资源的开发，还是在海洋产品的研制、海洋产业的构成、海洋空间的利用等方面，都得到了最淋漓尽致的体现。

科学调查船

对局部海域或者某一海底进行调查，人们可以依靠潜水器来完成。那么，假如要进行远洋考察，由谁来承担这一任务呢？答案是：科学调查船。

为了使读者对科学调查船有所了解，现在让我们来了解下我国的“向阳红10号科学调查船”。

20世纪80年代初，“向阳红10号”诞生不久，就参加了我国首次向太平洋发射运载火箭的试验，尔后又参加了我国首次发射同步定点通信卫星的试验，后来又参加了我国首次赴南极洲和南太平洋的科学考察。

“向阳红10号”之所以能历尽万险，胜利完成对南极洲和南太平洋的科学考察，主要是由于考察队员艰苦努力的结果，同时也与该船的结构和设备有关。

“向阳红10号”上配置有先进可靠的导航设备和仪器，船体采用的耐低温低碳钢板，具有良好的冲

“远望2号”科学调查船

击韧性，即使在 -40℃的情况下也不会脆裂。船体结构由双层底和三层纵通连续甲板组成，犹如整体浇注的钢筋混凝土建筑，结构牢固。

“向阳红 10 号”的上层建筑和各种设施的布局设计也颇有讲究。它之所以能经受 50 余度的左右摇晃，除了有一定的船宽外，船的上层建筑也不是过于庞大，各种设施都尽量布置在较低位置，使船的重心降低，以增加整体的稳定度。

“向阳红 10 号”上的气象系统，它的规模相当于一座大城市的中心气象台。全船共有各种舱室 300 余间，其中 80 余间是海洋水文、水声、生物、气象、物理、化学和地质地貌等各学科的实验室和电子计算机室，而以气象系统的工作舱室为最多，包括气象火箭发射系统、氦气球探空系统、测风雷达和测雨雷达室、卫星云图接收室、气象传真室、高空气象观察室、填图室、气象预报室等 10 个工作舱室。船上配有 30 余名精干的气象人员，可作中、短期的气象预报。

当“向阳红 10 号”在南大洋上与风浪搏斗时，没有比气象资料更为重要的决策依据了。此时此刻，船上的气象系统紧张地监视着天气的细微变化。卫星云图接收室不停地接收卫星传来的气象信息；气象传真室负责接收从智利发送过来的天气传真图；气象预报员每隔 15 分钟登上驾驶室顶端的气象平台，实地观测天气数据。

科学调查船上的测风雷达可以提供 400 千米范围内风暴生成、发展、移动和消失的情况；测雨雷达的屏幕上能显示 200 千米范围内降雨的方位、距离、高度等，雨量的大小可从屏幕上雨点亮度来判别。

你知道吗

中国第一艘远洋调查船

“实践”号科学考察船，由中国船舶工业总公司 708 所设计、上海沪东造船厂建造，于 1969 年建成，交由中国科学院海洋所使用，这艘船是第一艘中国远洋调查船。该船长 95 米，宽 14 米，排水量 3200 吨，船速 14.5 节，可以容纳 52 位科技人员连续 45 天在世界各大洋进行多学科的海洋综合调查。

气象预报室是船上气象系统的最后一个工作室。室内四壁挂满各种图表，室中央有一张硕大的长方形办公桌。“向阳红 10 号”起航后，这里就忙碌了起来，气象预报员根据各种观测数据，在图表上标出位置，结合卫星云图、气象传真图等，

“向阳红 10 号”调查船

及时做出天气变化的趋势报告。

踏上驾驶甲板，可以看到各种奇形怪状的天线：有的宛如一把撑开倒放着的大雨伞，直对云空转动；有的好像一朵特大的蘑菇；有的是直刺云天的鞭状天线；也有的是横贯空中的笼状天线……船上的通信系统相当完善，包括卫星通信、高频通信、一般通信和船内通信等分系统。

一般说来，由于船上的空间地位有限，因此就会给众多的通信设备带来一个相互干扰的问题。我国的船舶设计师专门研究了这个难题，采取了一些措施：使天线的相互位置尽量摆开；收发报机分开设置；各电信工作室采用夹有金属网的屏蔽门；将各通信分系统的工作时间叉开……从而避免了无线电信号之间的相互干扰，解决了雷达与其他机电设备对无线电信号的干扰影响，保证了远航中的通信工作畅通无阻，使远隔万里的考察队员与祖国犹如近在咫尺。

由于科学调查船的特殊需要，在后甲板有一大块直升机的停机坪和一个宽敞的飞机库。此外，还有导航塔、牵引机、加油站、灯光信号、消防、供电等一系列相应的机场设施，等于在船上建了一个小而全的飞机场。

由于海洋瞬息万变，广阔无垠，仅靠几艘海洋调查船解决不了问题，因此，需要进行综合调查才行，这就需要一系列其他设施，比如，海洋浮标、海中声波探测设备以及海洋卫星等。

海洋浮标

海洋浮标作为现代海洋立体探测系统中的重要成员之一，是一种新型的海洋现场自动遥测工具。它具有在海洋任何海域和任何气象条件下，长期、自动、连续地收集海洋环境信息的能力，所以人们又称它为“海上自动观测站”。目前，美国、加拿大、日本、英国、法国、挪威等国都在制造和使用海洋浮标，

并把它布设在本国的邻近海区，构成海洋浮标观测网，为海洋环境预报、航海运输、海洋科学研究及海洋开发提供实时的海洋信息。

海洋浮标最早出现于第二次世界大战期间，德国曾在大西洋、英吉利海峡和北海等海区首先使用。那时，由于受科学技术水平的限制，浮标设计比较简单，可靠性差。后来经过20多年的研制和发展，到了70年代，海洋浮标技术已日趋完善，性能和可靠性大大提高，并在实际观测中得到广泛应用。现在，世界海洋上使用的浮标有几十种，按用途分，有海洋水文气象遥测浮标、海洋污染监测浮标、地震测量浮标和多用途浮标；按浮标在海上的工作状态分，又有系留浮标、漂流浮标和水下潜标等。

海洋气象浮标

1. 系留浮标

系留浮标亦称海洋环境资料浮标或海洋遥测浮标。它是由小到几十千克、直径约一二米，大到百吨以上、直径十几米的海上平台，用锚系留在海上预定的地点，能在恶劣的海洋环境中进行长期、连续的自动观测，获得有价值的海洋环境资料。浮标运行费用比使用调查船低廉，其造价也仅为调查船的1/6左右。海上系留浮标是一项综合性的系统工程，技术较复杂，它由海上测量和岸上接收两大部分组成。

（1）海上测量部分。海上测量部分由浮标壳体（浮体）、传感器、数据采集和处理系统、通信系统、电源和系留系统组成。

浮体是浮标上全部仪器装置的载体。圆盘形浮体的重心低、稳定性好、摇摆幅度小，是较实用的一种浮体形状，一般多由表面涂有防腐涂料的钢板、玻璃钢等材料制成。传感器包括气象传感器和海洋传感器两大类，主要测风速、风向、气压、气温、温度、水温、盐度、波浪、海流和浮标方位等参数。浮标上的传感器要求不怕风吹浪打，而且还要有较强的抗海水腐蚀的性能。

浮标的数据采集和处理系统采用低功耗的微处理机，自动处理各

种传感器采集的海洋水文和气象信息，把它们转换成可以直接利用的海洋环境情报。通信系统由指令信号接收机、遥测信号发射机和天线组成。这种通信系统能把浮标上采集的各种海洋信息源源不断地传递到岸上接收中心和用户。目前，浮标上多采用高频（4～22兆赫兹）、超高频（400兆赫兹）无线电通信系统，美国和日本的一些海洋浮标已经采用卫星通信，使信息传输可靠性达98%以上。

系留系统由缆索和锚组成，一般采用单点系留方式。系留系统既要坚固可靠，又要防腐、防生物附着、防鱼咬。现在，浮标上的锚缆多用金属锚链和加铅芯的强力尼龙绳混合使用。

浮标上的电源一般采用蓄电池、碱性电池或燃料电池。目前，人们正在研究利用风能、太阳能、波浪能作为浮标的动力源，用以改进浮标的性能，延长工作时间。

（2）岸上接收部分。

岸上接收部分主要由指令无线电发射机、遥测接收机、接收天线、调制解调器、计算机等部分组成，是海洋浮标系统的重要组成部分。海上浮标定时发送的信息，岸站均能自动接收下来，并经计算机处理后转发给环境预报单位使用。同时，把数据记录在磁带上或软盘上，提供非实时用户使用。岸站也可向海上浮标发出指令，海上浮标根据岸站指令发回信息。

近年来，为了提高海上浮标的

浮标整体

测量能力和资料的可靠性，科学家们又研制出一些新型的气象传感器和海洋传感器，使海洋测量层次达到13层，深度超过2000米。随着科学技术的发展和小型、低功耗、高可靠性电子元件的出现，系留浮标系统的稳定性大大提高，成本减少了25%～30%。目前，电子技术、微机和软件技术、卫星通信和定位技术、传感器技术，以及电源技术的发展和应用，使海上系留浮标正向着智能化方向发展。

我国海上系留浮标的发展已有20多年的历史，目前在一些新型的系留浮标上，已采用先进的数据采集、控制和处理系统，达到了20世纪80年代初的国际水平。1985～1989年间，我国初步建成了一个具有11个站位和5个岸站的海洋资料浮标网，现已提供了10多万组实测数据、1300多万字节的数据信息量。在海洋资源开发和海洋环境预报中发挥了作用。

2. 漂流浮标

漂流浮标是一种根据拉格朗日原理测量海流的装置。它的最大特点是体积小、重量轻、没有庞大复杂的系留系统，它在海上边漂流边测报，通过卫星、岸站或舰船接受其采集的海洋信息。据1992年12

海上漂流浮标

月统计，在一些国际大洋探测研究计划中，美国、日本、加拿大、英国、法国等14个国家共布放了近1200个漂流浮标，为各种研究项目提供了实时的海洋环境信息。

漂流浮标由浮体、传感器、数据采集、传输、系统控制及电源等部分组成。浮体用玻璃纤维、PVC型料和铝合金制成，并装有测量气温、气压和海面水温的传感器（少数漂流浮标上还装测风传感器），以及保证随海流漂流的伞式或帘式水帆，用强碱电池组或锂电池组作电源。漂流浮标在漂流过程中，用微处理机采集传感器测得数据，并对浮标整个系统进行控制，它边测量边发报，通过卫星转发所测量的资料，并由ARGOS卫星系统确定漂流浮标的位置，通过其准确位移及相应的漂流时间，即可换算出海流值。由于漂流浮标体积小、重量轻、结构简单、使用方便，可用船投放，

也可用飞机在船只不易到达的海区空投。

你知道吗

我国第一个全自动海洋浮标

经过多年的努力，1980 年 3 月 3 日，我国第一个使用数字传输的大型遥测、遥控、遥讯海洋水文气象浮标装置系统——“南浮一号”全自动海洋浮标研制成功。它是直径为 6 米的圆盘形浮标，用蓄电池供电。中国科学院邀请国内有关专家对这一科研成果进行鉴定，认为“南浮一号”符合设计要求，基本上达到 20 世纪 70 年代国外同类装置的水平。

3. 水下潜标

水下潜标亦称水下系留浮标，它作为测量仪器的载体，在挂接测量仪器后，能长期系留在规定的观测点，对海洋环境进行长期连续的监测。潜标系统的研究始于 20 世纪 50 年代初，最初主要用于测量海流，随着海洋开发事业的发展和其他科学研究的需要，还可测量海水电导率、温度、潮汐、密度和海底压力等参数，也可用于泥沙运移、测量弹道轨迹、捕捉海洋生物。目前，美国、日本、法国、加拿大、挪威、德国等国家，都在研究和使用潜标系统。

水下潜标由系留系统、声学释放器、测量仪器、信标、沉锚等组成。目前，美国的潜标技术居世界领先水平，并在大西洋、太平洋、印度洋和地中海都布放了大量的潜标系统。我国自 20 世纪 80 年代以来，相继研制成功了深海潜标和浅海潜标系统，它们均达到了国外同类产品的先进水平。在 1990 年中日黑潮联合调查中，使用我国研制的深海潜标，成功地获取了 3800 多组数据。1987 ~ 1989 年间，在海上多次使用的浅海潜标，历经了 3 次强台风过境恶劣海况的考验，成功地获取了 3 个层次的海流、水温、盐度和水位资料 1.16 万多组连续有效数据，为海洋工程设计和科学研究提供了很有价值的实测资料。

水下潜标

水下摄像和摄影

蓝色的大海，碧波荡漾。大海的深处，孕育着万千生物，沉睡着丰富的宝藏。自古以来，人们就十分渴望能够在大海深处嬉戏遨游，更希望让那些大海深处的奇妙景象长留人间。随着科技的发展，水下摄影完成了这一使命，人们的夙愿变成了现实。

1. 水下拍照摄奇景

130 多年前，有一位叫汤姆森的英国人对摄影着了迷，拍摄了大量的照片。后来，他又对水下世界也逐渐感兴趣起来。于是他经常拿着照相机在海滩上游玩，或驾着小船在大海中漂荡。有一天，他忽然灵机一动，用他的普通照相机摄下了第一张水下照片。从此，水下摄影成了往后很多人所追求的事业。后来，一位法国潜水员路易 · 布当又迷上了水下摄影，并对水下摄影做出了卓越的贡献。这位潜水员花了 8 年时间，研制出当时世界上第一架水下摄影机。这架照相机从外观上看，既大又笨重；照相机外面罩着一个金属箱作防水外套；前边镶嵌着一块玻璃，镜头可以从这里摄影。防水金属箱的里面是一个 9 厘米 ×12 厘米的普通玻璃底板照相机。这个法国人身穿潜水服，潜入水中进行摄影。当时还没有研制出照相用的防水表，所以在水下不能掌握准确的曝光时间，还必须在这架摄影机上系上一条绳子，由水面上的人拉动作为信号来确定曝光时间。这位法国人就是用这架原始的水下照相机，拍摄了大量的海蟹、游鱼等多种海洋生物的照片。但是，由于当时还没有研制出水下照相用的闪光灯，这些摄影只能安排在天气晴朗而且较浅的海区进行，只有这样才能保证照相需要的足够的光线。这样一来，照相的时间和海域都受到了很大限制，为水下照相带来了极大的不便。这个法国人又经过不断实验，终于制造出一种水下闪光灯。这种水下闪光灯其实就是一个大玻璃球。球里面放上一盏酒精灯和一些镁粉。大家知道，镁粉遇热燃烧会发出明亮的光来。下水前，只需把酒精灯点燃，这样酒精灯就会诱燃镁粉发出阵阵明亮的光来，就可以进行水下摄影了。这个在玻璃球和水面上充满空气的大酒桶相连接，可以保证有充分的氧气燃烧，因而球里面的灯火也就不会窒熄了。遗憾的是，这种水下闪光灯经常发生爆炸，有时也会伤害一些摄影人员。所以这种方法很快就

不使用了。这位法国人布当仍然继续进行水下摄影照明的研究。最后，他终于制造出一种防水的弧光灯。用这种弧光灯进行水下摄影，可以在 50 米的海洋深处拍到效果非常好的照片。这位法国人还专门写了一本介绍水下摄影的专著，为后人留下了宝贵的资料。

继法国人布当之后，进一步发展水下摄影事业的是美国人列·普里也尔，他为水下照相机设计了一个不透水的外壳，胶片装在一个发条机构上，潜水时使用这样的照相机，一次可以连续拍摄 35 ~ 36 个镜头。美国电气工程师德米特里·列比科夫，又研制出一种水下自动照相机。这种照相机的外壳像一个鱼雷，是一个长长的椭圆形；壳体是不透水的，浮力为零，不升不降地处于悬浮状态。壳里面装着照相机、聚光灯和电池组。壳的外面装上电动螺旋桨，可以在海中自动前进。壳里面的照相机也是自动装置的。于是，这种水下自动照相机可以穿越海洋中狭小的通道，拍摄下沉船内部和水下岩洞的情况。后来，人们又经过不断探索，发明了深海照相机。这种照相机的原理是这样的：照相机上附着一个重物，这块重物携带着照相机迅速下沉，当重物与海底碰撞时，照相机上的照明灯会自动打开，启动快门，转动胶片，同时把重物弹射开，这样照相机又浮上了水面。这种深海照相机可以

水下摄影作品

多次性水下照相机

拍摄深海中的许多景色，可以在几千米的深海中照相。

现在水下照相机已经十分普及了，而且种类繁多，功能齐全，对焦距、拨光圈、转底片都可以在水下进行，水下闪光灯也比较完善了。

2. 奇妙的水下电影

我们经常看到的电影，一般都是在陆地上拍摄的，那么，水下是否也可以拍摄电影呢？答案是肯定的。至今为止，世界上已经拍摄了好多景色奇妙的水下电影。像《静静的世界》《欢腾的海洋》《没有太阳的世界》《鲨鱼》《珊瑚林的野生世界》《深海探险》《鲸》等许多影片。这些水下电影不但摄下生动而富于幻想的海底世界，而且展现出一幅神奇而又陌生的水下画卷。

世界上第一部水下电影是在一个钢质的潜水球里拍摄的，距离现在已经有 70 多年的历史了。这个潜水球里面可以装下两个人和一套摄影设备。摄影机镜头前面的潜水球是一个耐高压的玻璃窗口，从这里可以拍到水下世界旖旎的自然景观。世界上第一部水下电影主要是拍摄巴哈马群岛珊瑚礁的景观的，但是在潜水球里面拍摄电影，活动范围受到了限制。人们又经过不断的实践，制作了水下摄影机。机身的外部是一个不透水的金属箱；摄影灯的电源由水面工作母船上的发电机直接供给。潜水员可以携带摄影机在大海里随意拍摄。

现在，人们已不满足于仅仅拍摄水下纪录片，又开始尝试拍摄以演员表演为主的水下题材的故事片。在这方面，美国哥伦比亚电影公司摄制的水下宽银幕彩色故事片《深海》获得了很大成功。这部电影的拍摄是由三部水下摄影机来完成的。每台摄影机外面都罩上了铝质摄影箱；这些摄影箱都是密封防水的；摄影机前方的摄影箱上是一块镶嵌着玻璃的窗口。水下摄影灯由水面工作母船上的发电机通过电缆向水下供电；为了保险起见，还备有水下独立式的应急电源。参加拍摄的演员，事先也都进行了一定的潜水训练。这些演员除了完成复杂的潜水动作外，还要通过每个人

水下摄像机

的面部表情、眼神以及身段动作来塑造剧中的人物形象。导演、摄影师、灯光师、场务监督等有关人员也直接潜入水中进行各自的作业。水面上配有专门的工作船作后勤保障，始终停留在拍摄现场的上方，工作船上还设有加压舱设备。在拍摄《深海》过程中，总共进行了1465人次的潜水。

这部电影，通过叙说一位海洋探险家和他的妻子，对一艘古沉船进行探险的故事，向人们再现了妙趣横生的海洋世界。这部电影40%以上的镜头是在水深10米以下的水域拍摄的。这部影片受到了观众的热烈欢迎。

现在的水下摄影已经发展到了更高的水平；可以把新式彩色录像机装在载人或无人的深潜器上，自动地记录下深海世界的美妙风姿。我们有理由相信，海洋深处珍宝闪烁、鱼虾竞游、怪石嶙峋、珊瑚遍布的生动而绝妙的风光，将会不断地大量地涌上银幕，为人们带来异乎寻常的艺术欣赏！

3. 红外照相逞神威

红外照相，是近年迅速发展起来的新技术，也是海洋探测中颇具魔力的技术之一。

红外线又称热线，这是一种人眼看不见的电磁波。在电磁波波谱中，它处于可见光和微波之间，波长范围是0.77 ~ 1000微米。红外线虽然人眼看不见，但它和可见光一样，也具有波动和微粒双重性质，它也服从可见光的各种定律和规则。

宇宙世界中的任何物体，只要它的温度高于绝对零度（–273.16℃），那么这个物体本身的原子热运动就会不断地辐射出红外线来。但是，不同的物体、不同的温度以及物体不同的粗糙度所发射出来的红外线波长是不同的。

红外照相就是利用了这种特性来摄取物体的图像。物体的红外线并不受时间限制，昼夜24小时都在不停地向外辐射。

红外照相机不同于我们平常使用的普通照相机。红外照相机的内

部配有吸收红外线的装置。用红外照相机来拍摄海洋景况可以不受黑夜的限制以及其他恶劣的自然条件的影响，而且拍摄的速度快、精度高、面积大。海洋中被拍摄物的各种物理特性（诸如形状、大小、光滑度、温度等）都可以通过不同的红外波长聚焦在红外相机的镜头上。红外照相的这些特点是其他海洋探测手段和工具所无法比拟的。

红外照相不但可以拍摄下海洋深处的自然景观，作海洋探测和记录之用；它还可以作为一种侦察手段。比如用红外照相可以侦察水下是否有潜艇存在，如果有的话，那么潜艇本身所辐射的红外线会毫无保留地被红外照相机接收，从而拍摄出潜艇的照片。红外照相已在海洋深测方面大显神威，许多海下沉船就是依靠红外照相探明的。

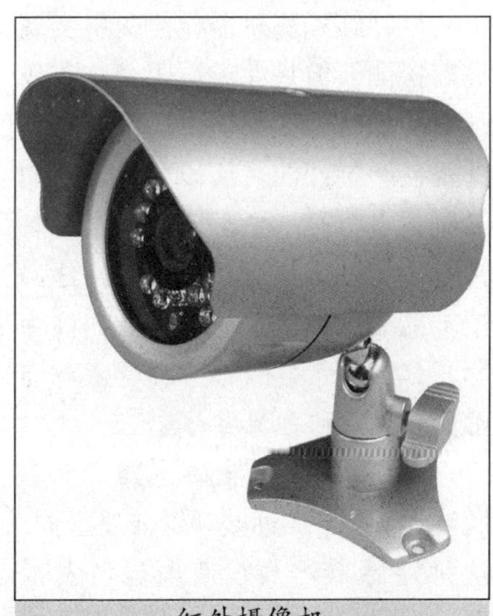
红外摄像机

当然，红外照相也有它的弱点。海水对红外线具有一定的吸收能力，因而辐射红外线能力较弱的物体成像比较模糊；红外线穿透云雾的能力也较弱。这些问题，尚有待我们继续研究解决。

海洋卫星

海洋卫星是一种为海洋环境探测、科学研究及资源开发服务的专用海洋空间遥感技术系统。它与气象卫星和陆地资源卫星一样，是地球观测卫星系列中的一员。早期的地球观测卫星，主要是进行陆地和大气探测，只有 1 个通道附带探测海面温度。第一颗以海洋探测为主要任务的卫星是 1978 年美国发射的 Seasat-A 号卫星，它是完全按海洋特点和海洋用户需求设计的实验卫星。随后，日本于 1987 年和 1990 年先后发射了 MOS-1 和 MOS-2 海洋探测卫星。这期间，苏联也发射“宇宙”和“流星”系列海洋卫星。1991 年 7 月，欧洲空间局与其他一些国家合作发射了第一颗综合遥感卫星 ERS-1 号。1992 年 8 月，美国和法国合作发射了 TOPEX/

POSEIDON 卫星，是世界上研究海流最先进的卫星，它标志着海洋学研究新纪元。迄今全世界共发射有10颗专用海洋卫星。海洋空间遥感技术已进入业务应用阶段。

太空遨游的第一宇宙速度

人造卫星为什么能环绕地球运转，而长久不落下来？因为人造卫星和飞船发射出去以后，它以特别大的速度围绕地球运转，抵挡住了地球对它的引力——向心力的作用，使卫星作匀速圆周运动，而不至于落回地面。根据科学家计算，速度达7.9千米/秒，并且从水平方向抛出去，就能使人造卫星环绕地球运转。这个速度叫环绕速度，也叫第一宇宙速度。

1. 海洋遥感器

卫星对海洋的探测是通过装在卫星上的海洋遥感仪器来实现的。它们借助专门的光学、电子学和电子光学仪器接收海洋表面辐射、散射和反射的电磁波，并把它转换为电信息或图像加以记录。这些海洋遥感器的发展，大致经历了三次技术更新。第一代为可见光遥感器，如美国“泰勒斯”卫星系列第一批卫星装的光导摄像机系统、苏联早期的“宇宙”号和“流星”号气象卫星装的第一代电视摄像系统。在人类历史上，它们第一次从太空中发回了地球表面的大量信息，开创了空间科学的新时代。但是，这类遥感器只能在白天工作，而黑夜就变成了“瞎子”。

为了克服这一不足，科学家们研制出昼夜都能进行探测的第二代红外遥感器，如美国在“雨云”7卫星上携带的沿岸水色扫描仪用于观测海洋水色时，可在5个可见光波段和1个红外波段上进行海洋辐射率的定量测量；在海洋卫星上也曾试用1种5通道红外扫描辐射计，其探测海面温度的精度达 ±1℃。

尽管红外遥感器能使卫星实现昼夜探测，但是在天空阴云密布或雨雪交加时，红外遥感器就会受到干扰，影响探测。所以，科学家们又研制成功了一种既可以昼夜工作，又有一定的穿透云层、雨雪、地面植被能力的微波遥感器，人们称为第三代“全天候”遥感器。微波遥感器分无源和有源两大类。

（1）无源微波遥感器。无源微波遥感器，亦称被动微波遥感器。这种遥感器本身没有电磁波发射源，只靠接收目标辐射和反射的电

太空中的卫星

磁波进行探测。如微波辐射计是利用海面的微波发射特性、测量海面温度、盐度和海面风的仪器和数据分析系统。迄今为止，星载微波辐射计的空间分辨率都较低，但是获取的信息量很大，通常 1 天所得到的海洋信息，相当于 20000 份船舶观测资料。

（2）有源微波传感器。有源微波传感器，又叫主动微波遥感器。这类遥感器本身可以向目标发射电磁波，通过接收目标的回波，来完成探测和识别任务。目前，海洋卫星上装载的雷达高度计、合成孔径雷达、微波散射计均属于有源微波遥感器。

随着科学技术的发展，以及海洋开发和海洋科学研究的需要，星载遥感器日趋成熟和完善。

为了完成对海洋、海岸带、海冰和冰川的探测任务，其星载遥感器由先进的互为补充的传感器组成，能实现对地球表面的全天时、全天候的高精度探测。这些遥感器包括主动微波仪，可进行海上风场和波浪谱测量，提供两极冰盖、海岸带和陆地全天候的高分辨率图像；雷达高度计,可以测定高度、有效波高、海面风速和多种冰参数；沿轨迹扫描辐射计，测量海面温度和云顶温度；微波探测器，测定大气中水蒸气总含量；精确测距测速仪和激光反射器等。

2. 海洋卫星的应用

由于海洋卫星具有全天候和全天时进行全球探测的本领，所以它获取的海洋资料有着广泛的用途。

海洋观测卫星

（1）在海洋管理方面的应用。在海洋管理方面，海洋卫星获取的海洋资料可为国家实施海洋管理提供重要依据，这是其他任何探测手段所不能取代的。例如，美国和加拿大在缅因湾专属经济区划界中，加拿大提出以科德角与新斯科舍的中线为划界线，这样乔治滩海区的1/3海域可划归加拿大管辖；而美国则坚持以乔治滩海区和新斯科舍陆架水团明显分界线来划界。国际法庭根据美国提供的该海区用卫星沿岸带水色扫描仪获取的信息，把划界线裁定在乔治滩海区以东。

（2）在海洋开发方面的应用。在海洋开发方面，根据卫星获取的水温和水色资料，制作渔海况图向渔民提供；用卫星资料预报最佳航线，以缩短航行时间节省燃料费，

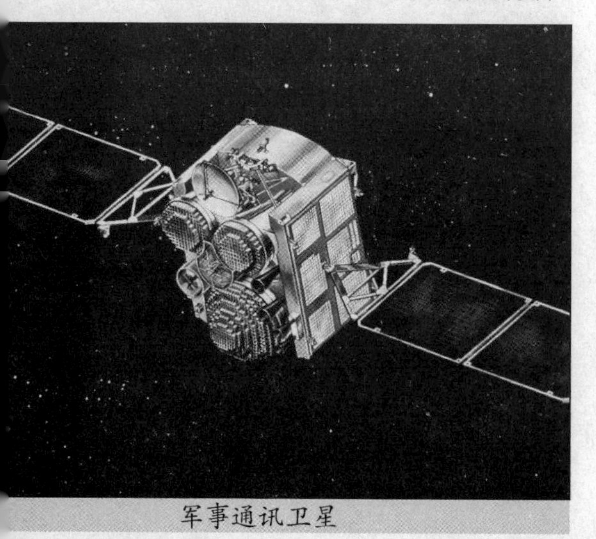
军事通讯卫星

保障舰船及货物安全，提高航运产值，美国海运业和海军已使用依据卫星资料绘制的海流分析图、航线天气图、海流和能见度预报；卫星遥感资料还可为近海油气业提供时效至少24 ~ 48小时准确的海况预报和天气预报，以缩短非生产时间，减少灾害性海况给油气业造成的损失。

（3）在海洋科研方面的应用。在海洋科研方面，海洋卫星可为全球尺度海洋过程研究、厄尔尼诺现象、全球海平面变化、海气相互作用等当今的前沿海洋科研课题，提供重要价值的资料。例如，星载红外辐射计或微波辐射计提供的海面温度大尺度异常资料、星载微波散射测得的全球海面风场资料，已用于监测厄尔尼诺现象的发生、发展与消失，并可用于监测厄尔尼诺现象的动态变化。

（4）在军事方面的应用。在军事应用方面，海洋卫星可对固定（导弹发射场、海军基地、机场）和活动（水面舰艇、地面部队）的军事目标进行侦察和监视，并为海上作战和登陆作战提供潮汐、海流、浅海水深等海况资料。

进入20世纪90年代以来，为适应全球海洋观测系统的需要，美国、日本、加拿大、法国等还将计

划发射20颗极轨卫星或卫星系列。这些卫星上将装载40多种主动式微波遥感器，其中合成孔径雷达是各国竞相发展的热点。日本预计1995年以后发射高级地球观测卫星，它将装载12通道海洋水色和温度扫描仪、X波段合成孔径雷达、高级可见光和近红外辐射计和散射计，用于测量地面组成、地面生物活动、地面地形、地面温度、海面风、海洋与湖泊生物活动，以及臭氧监测。欧空局也将发射ERS-2卫星，它将装有主动微波仪、沿轨迹扫描辐射计和微波辐射计及雷达高度计，用于测量海面温度和大洋水色及海洋天气。美国基于特殊研究的需要，正考虑发射4颗同步观测海洋的专用卫星：即海军海洋遥感卫星（GRM），用于测量地球的重力场；海洋水色成像仪卫星（OCI），用于测定全球初级生产力的时空分布和变化规律。

海洋是生命保障系统最重要的基础，同时也是人类社会可持续发展的宝贵源泉。自20世纪以来，海洋已逐步从冒险家的乐园变为人类经济开发活动的热点区域。向海洋要食物、要资源、要能源、要空间，以解决人口膨胀而带来的各类需求问题，已成为一个不可逆转的世界性潮流。特别是进入20世纪90年代以后，海洋在世界经济、政治、军事中的地位更加提高，各国政府为了其生存和发展，纷纷调整国家的海洋战略，以谋取最大的海洋利益。

风靡世界的“海底探宝热”

即便在科学技术高度发展的今天，人们也尚未找到一种成本低廉的手段能从海水中提取黄金。但是，考古学家们从史料及其他方面却获得了令人鼓舞的信息：在全球海洋中，由于风暴、暗礁、海盗和战乱等原因，被大海吞没而沉在海底的大小船只至少有100万艘。这些沉船里的财宝以它连城的价值吸引着千千万万觅宝的人们，从而在世界范围内掀起了海底探宝热。

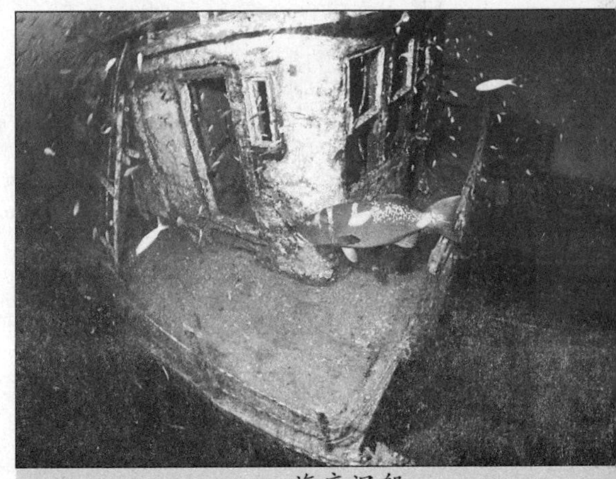

海底沉船

美国宾夕法尼亚大学的一位教授曾在爱琴海至意大利半岛一带的地中海海域，发现了公元前13世纪至公元前11世纪的沉船；在靠近北美的大西洋海岸，发现了埋藏着自哥伦布登陆以来的大量沉船；又在佛罗里达半岛附近海底发现了西班牙商船。这些沉船装载着价值高达数亿美元的金银珠宝。在大西洋的卡里比克海域，至少有高达150亿美元的金银珠宝,还混杂在珊瑚丛、碎瓦砾与泥沙中，静候着发现者的到来。

早在公元前460年，波斯王泽克西斯一世就曾雇用一位著名的希腊潜水员西利斯，从沉船中打捞起许多金银财宝。1686年，美国人威廉·菲普斯靠一次偶然的良机一跃成为世界上最富有的人。那是西班牙运金船队在离印度群岛伊斯帕尼奥拉岛海湾90海里的地方触礁沉没40年后的事。一个偶然的机会，菲普斯遇见了一位运金船队的幸存者，从中了解到船失事前后的情况。1681年，菲普斯独自来到英国，经多方奔走，终于得到国王查理二世的支持。可惜他时运不佳，第一次因寻宝失败竟被国王投进监狱。1686年获赦出狱的菲普斯并没有气馁。他总结了上一次失败的教训，重整旗鼓，雇用24名能潜入30米深海的采珠潜水员，在运金船沉没的方圆几海里的海底进行搜索。一名潜水员先是发现一个奇特的珊瑚，本想捞起来作个纪念，但捞出水面后才发现，它是由白银黏结而成的。沉船终于找到了，经过6周的搜捞，他们总共捞获白银2.7万余磅（1磅＝453.59克），金银餐具共340磅，黄金25磅。这些财宝多沉在水深仅11米的海底，而更多的船只沉在大海深处。由于当时的搜捞技术很落后，他们也只能望洋兴叹了。

在人类全面研究海洋、开发利用海洋的同时，海底探宝也进入了一个新阶段。人们不再靠机遇和直接潜水搜索海底宝物，而是采用现代海底探测方式来获得古沉船的线索：有的通过分析卫星照片，把可疑地点与已知地点的图像作对比；有的应用原子吸收技术，分析某海域深处水样的成分；有的训练海洋动物充当水下侦察兵；有的用精密仪器进行海底扫描等。1622年9月4日，一支由28艘货船组成的西班牙船队，从古巴驶往西班牙，这些货船载有许多金银和贵重宝石。船队因遭飓风的袭击，被风刮到美国佛罗里达海峡。28艘货船中有8艘沉没于海底，其中包括领导这支船队的两艘大商船——“圣母”号和“圣马达里达”号。

据记载，仅“圣母”号上就装有47吨黄金和白银。后来，西班牙政府企图打捞这批沉船，限于当时的打捞技术，打捞人员苦苦找了4年仍一无所获。1960年，美国冒险家费希尔从一本书中看到有关记载后，组织了一支打捞队到“圣母”号遇难地点进行了26年的搜捞。到1975年，费希尔的大儿子、女婿和一名船员相继在海底搜索中死去，但他毫不动摇。他们分析6500个地磁仪的数据，终于在1985年找到沉船的具体位置，并在1000多米长的带状区域内，打捞上了20多万件金银宝物。其中金锭150块，银锭987块，银币15万枚，绿宝石3200颗，还有许多贵重金属和宝石制成的十分珍贵精巧的工艺品。不久，他们又发现了“圣母”号沉船的约3/4的船身残体，打捞出60千克金条和800千克银器。同时，他们还在“圣母”号的大箱子中发现了古时使用的天文观测仪，包括星盘、罗盘、太阳象限仪以及17世纪航海家使用的各种仪器和工具。此外，打捞物中还包括船上装备的12门青铜火炮。费希尔的这一收获轰动了整个美洲，并引起了考古学界和科学界的重视。

海底沉船宝藏

一项动人心魄的世界最庞大的（也是亚洲空前未有的）打捞海底宝物行动，曾在马六甲海峡进行。目标是16世纪初叶一艘载有大批珠宝，从马六甲驶往印度途中沉没于苏门答腊水域的葡萄牙战舰——“海上花”号。

这是一支由考古学家和海洋专家组成的打捞队伍，几年前开始对450年前沉没的运宝船进行打捞。要打捞的“海上花”号是葡萄牙远洋舰队名将阿布奎的旗舰。他在1512年征服马六甲王朝后，搜掠了大批财物，准备装船运往里斯本。然而，这艘军舰在马六甲海峡北部的苏门答腊触礁沉没。据历史学家估计，其中有4尊镶了珠宝并与实物同样大小的金狮子、金幼象、金老虎和金猴子。此外，还装载有数以百计的宝箱，里面装有钻石、绿宝石、红宝石以及一个价值达4350万美元的皇冠及其他首饰。所有珍宝，估计时价高达90亿美元。

海捞瓷

主持这次打捞行动的意大利企业家说：打捞工作预计费时7年，费用估计需要300万美元。“海上花”号的打捞行动如果顺利完成，不但可以获得沉船里的财宝，更重要的是揭开一个“时间胶囊”之谜。这个“时间胶囊”所提供的历史资料，将使研究马六甲王朝的历史学家大开眼界。人们可以了解当时马六甲社会的具体情况，马来人和中国人后裔的生活状况，以及当时马六甲王朝与明朝的关系等。

除了“海上花”号打捞行动之外，这位企业家在印度洋还有6个打捞沉船的计划。这些计划除了提供考古历史价值外，每艘宝船的宝藏价值都不少于10亿美元。

从沉船中捞取金银珠宝已成了一种发大财的行当。当今人们拥有的先进的科学技术，如潜水机器人、声呐系统、高灵敏度的摄影机、用电脑绘图技术确定沉船位置等也使打捞深海沉船比以前容易得多了。1954年，美国《国家地理》杂志报道：一渔民发现了2000年前的希腊沉船。5年以后，法国潜水家库斯

托发明了第一艘潜水器，为海底探宝提供了更加直接的手段。1985年，美国的“甲壳虫”号潜水器在2000米深的海底捞起失事的波音747飞机的“黑匣子”。1985年9月，人们采用现代技术在3600米的海底找到了葬身海底长达73年之久的“泰坦尼克”号，船上的财物已被洗劫一空。这引起一些人（特别是考古学家）的强烈不满。他们认为，这种做法应予以禁止，因为它和盗掘古墓无异。人们把那次海难事件的沉船视为一座海底集体坟墓，无论什么人都不应触动它，更不应盗取死难者的财物。

海底探宝为考古开辟了新途径是毋庸置疑的。1982年，一个土耳其人在海底捡到一些物品，于是不少人纷纷潜入海底，在一艘沉船上捞起了许多青铜器、锡器、黄金、水晶等。人们推断出这些重见天日的古物是3400年前沉没在土耳其沿岸的一艘木船上的运载品。这使人们对公元前这一地区的文明有了新的了解。法国路易十六在1785年曾派佩鲁斯出航太平洋，不幸船队沉没，现在沉船已找到。一位考古学家从捞起的文物中发现一块刻有“皇家”字样的头盔护板。他说：“它的价值胜过一箱钻石和黄金。”

在考古学家看来，古代沉船和埋在地下的古代城市或坟墓一样，其残骸和现场不应破坏，而应由考古学家进行调查、研究和分析，以便对历史有更准确的了解。现在的问题是：考古学团体和个人目前都无力承担探查沉船的庞大开支，而有财力和设备的打捞公司则只认得“发亮的东西是黄金”，不懂得其历史价值。

海洋潜水器

1. 有人潜水系统

顾名思义，有人潜水系统是一种载人的潜水器，即在水下有人操纵，并能携带乘员的潜水器。这种潜水器的排水量从几吨到几十吨，航速为2 ~ 5节，可乘载2 ~ 3人，下潜深度一般为300 ~ 2000米，有的可达11000米。潜水器上装有声呐、水下电视机、水下摄像机、机械手等设备。

（1）载人潜水器的种类。自20世纪60年代以来，载人潜水器有了较大发展，特别是美国、法国、日本和苏联等发达国家，为了海洋调查、海洋开发和军事上的需要，先后设计建造了许多不同用途和不同类型的载人潜水器。这些潜水器按照能源供给方式，可分为有缆载

人潜水器和自由自航载人潜水器两种。前者通过缆索由水面辅助平台供电，后者自身携带蓄电池或燃料电池供电，能在水下自由航行，活动范围较广。根据舱室压力的不同，又可分为常压潜水器、闸式潜水器、湿式潜水器。

（1）常压潜水器。常压潜水器的舱室内气压保持105帕斯卡，乘员不能外出，可通过观察窗看到外界环境，并可操纵机械手进行水下作业。这种潜水器现已广泛应用。

在这类潜水器上通常配备有电视摄像机、声呐、照明设备、机械手及电源等，具有良好的机动性和操纵性。特别是在潜水活动结束时，潜水人员无须减压就可出舱，减少潜水活动时间，提高了潜水人员的安全性。例如，美国1973年改建的“阿尔文”号就属于此类，下潜深度3658米。

潜水器

（2）闸式潜水器。闸式潜水器由推进器、球形气罐、潜水加（减）压舱（闸室）、驾驶舱、蓄电池舱组成。潜水员在闸室内加压后可下水外出作业，作业结束后，潜水员返回闸室，关闭舱盖，在保持高压情况下，潜水器返回母船，并与甲板加压舱对接，把潜水员转移到闸室减压。例如，巴拿马建造的“约翰逊海链”号，潜深610米。这类潜水器不但用于常压潜水，而且适用于饱和潜水，是目前较有发展前途的载人潜水器，广泛用于海底石油开发、大型海洋建筑施工、海底管缆敷设和水下救生等方面，可代替许多潜水员直接潜水作业。

（3）湿式潜水器。湿式潜水器是一种自由透水的载人潜水器。舱室采用非耐压结构，下潜时里面充满水，驾驶员和乘员必须穿潜水服和带水下呼吸器。这类潜水器主要用于运送潜水员到水下作业地点。除此之外，还可用于水下摄影、潜水体育活动和水下观光等，所以这类潜水器也有“水下吉普”之称。不过这种潜水器作业深度较小，水下作业时间较短。

“蛟龙号”载人潜水器

迄今为止，潜深超过 6000 米的载人潜水器只有美国的“的里雅斯特”号，曾下潜 1.1 万米；“海崖”号，下潜 6000 米。法国的“自然”号，以及日本的“深海 6500”号，俄罗斯的“和平”1 号和“和平”2 号等 6 艘深海潜水器。

旅游潜艇

世界上第一艘旅游潜艇是 1964 年由瑞士国家展览馆建造的，可乘坐 40 人，下潜深度 610 米，名为“奥古斯特·皮卡德”号。下水仅 16 个月，该潜艇就把 3200 名游客带到了莱芒湖湖底游览。1984 年，英国的不列颠哥伦比亚阿特兰蒂斯国际游艇公司建造了一艘定员 28 人的旅游潜艇，名叫“阿特兰蒂斯Ⅰ”号，在大开曼岛近海游览。

2. 载人潜水器的技术性能

载人潜水器由耐压壳体、压载与纵倾调整系统、推进与操纵系统、生命保障系统、通信系统和调查观测装置和动力系统组成。

（1）耐压壳体。通常，潜水器耐压壳由钢、铝、钛、丙烯酸塑料等材料制成球形、圆柱形和椭圆形。当潜水深度超过 6000 米时潜水器多采用球形结构。最早建造的“的里雅斯特”号（潜深 6096 米），1985 年日本建造的“深海 2000”号（潜深 2000 米），1989 年建造的“深海 6500”号（潜深 6500 米），都采用球形结构。高强度钢具有较好的屈服极限、疲劳与断裂强度及制造性能，所以目前绝大部分耐压壳体都采用这种材料。钛合金具有密度小、单位强度高、抗蚀性能强的特点，所以它也可以代替高强度钢。随着现代科学技术的进步，钛合金和玻璃纤维增强塑料的成本会下降，一些大深度的载人潜水器的耐压壳体将会越来越多地采用这些材料制成。

（2）压载与纵倾调整系统。载系统有可逆和不可逆之分。主压载水舱、可调压载水舱、上升与下潜重量系统属可逆压载系统，而耐压壳、合成泡沫材料、耐压水箱、压载重物等属不可逆压载系统。潜水器的纵倾通过设置在耐压壳体内部和外部的调整系统来完成。在壳体内部移动压载水和重物是最简单、安全、准确的纵倾调整方法。在壳体外部有汞液移动方法、对可调压载水舱和主压载水舱的不等量注水方法、移动蓄电池及抛弃重块方法等纵倾调整方法。例如，美国“阿尔文”号潜水器采用汞液移动，来获得较大的纵倾调整角；加拿大“海獭”号潜水器采用主压载水舱注水方法完成纵倾调整。

（3）推进和操纵系统。潜水器的推进装置一般采用普通螺旋桨、科氏导管推进器、槽道推进器、平旋推进器、喷水推进器，以及垂直舵和水平舵。而操纵潜水器是通过电动机或电动机组与垂直舵和水平舵联合作用进行的。

日本“海沟号”潜水器

（4）生命保障系统。载人潜水器生命保障时间从 6 ~ 120 小时不等，其生命保障系统主要用于补充氧气，清除环境中的有害气体。一般潜水器都配备压缩空气瓶，通过流量控制装置可连续补充氧气，而采用活性炭、氢氧化锂、钡石灰及其他碱土金属等化学吸收剂，清除潜水器内的二氧化碳及微量污染物质。

（5）通信系统。通信系统包括无线电收发报机、水声电话和有线电话。它们主要用于潜水器与母船、潜水器与潜水员，以及潜水器内部的常压舱与加压舱之间的通信。在水面通信，采用无线电收发报机，通信距离可达 80 万千米。在水下通信则采用水声通信系统。潜水器与母船之间的通信，采用频率为 8.0875 兆赫兹的水声系统，而潜水器与潜水员之间或潜水员之间的通信，采用 28 兆赫或 42 兆赫的水声系统。

（6）调查观测设备。通常，在潜水器上固定的设备有探照灯、静物摄像机、电视摄像机、采样器、机械手、流速流向计。例如，1989 年日本建造的“深海 6500”号深潜器，潜深 6500 米，可容纳 3 名乘员，除在观察室之下设有 2 名机械手以

外，还装有2台水下电视照相机、温度和深度测量装置，以及音响测位装置，这是世界上第一艘装有水声测位装置的潜水器。

（7）动力系统。潜水器最常用的动力源是蓄电池。目前，使用的动力源有铅酸电池、镍镉电池、银锌电池、银镉电池、燃料电池及核动力等。铅酸电池能承受大电流瞬时放电，具有使用周期长、造价低、安全可靠的特点。银锌电池具有体积小、重量轻的特点，但使用周期短、造价高、结构强度低。镍镉电池在能量密度、使用周期及造价方面介于上述两种电池之间。据统计，在载人潜水器上有70%的动力源采用铅酸电池，20%的采用银锌和镍镉电池，采用其他动力源的为10%左右。目前，科学家还在试验研究潜水器使用的燃料电池和核动力等新的动力系统。

2. 无人潜水系统

无人潜水系统是一种遥控的无人水下装置，统称“遥控潜水器”，亦是“水下机器人”的雏形。它是依靠水面遥控而运行的潜水器。这种潜水器最大的特点，是不需要人员在潜水器里直接操纵，而只需在水面母船上通过电缆和电视屏幕对潜水器上的仪器设备及其水下活动

水下无人潜水器

进行遥控。其次是重量轻、体积小，适宜在狭窄的海洋空间作业。再次是能进行长期、连续的水下观测和作业。最后是结构简单、成本低廉、操作方便。由于无人潜水器这些独特的优点，受到许多国家的关注，近年来发展迅速，无论是在种类上，还是在数量上都在成倍增加。无人潜水器根据遥控方式的不同，可分为有缆和无缆两大类。

（1）无人有缆潜水器。无人有缆潜水器指无人潜水器通过电缆与水面辅助平台相连，同时通过电缆向潜水器提供动力并对它进行控制。无人有缆潜水器又分为自航式、拖航式和海底爬行式三种。

有缆自航式潜水器有缆自航式潜水器是通过与水面连接的电缆提供动力和进行控制，并具有自动推进能力，能做三维运动，具有良好的机动性。这种潜水器是目前无人潜水器的主流，其数量约占无人潜水器总数的70%。在潜水器上装有

电视摄像机、照明装置、声呐、电子控制装置及机械手。观测人员在水面补给船上通过电视屏幕和仪器设备，可以安全、准确、实时地控制和监视潜水器的水下活动。目前最大作业深度超过3000米。

有缆拖航式潜水器：有缆拖航式潜水器是指本身无推进装置，而依靠水面母船拖曳航行的无人潜水器。它由与水面连接的电缆提供电力并进行控制。潜水器上装有电视摄像机、照明装置、声呐、电子控制装置及机械手。水面母船上备有相应的电视监视装置，观测人员可通过这种监视装置实时观察海底状况。目前最大作业深度达6000米。

有缆海底爬行式潜水器：有缆海底爬行式潜水器的推进方式与通常潜水器不同，只能依靠转轮或履带紧贴海底进行。它通过电缆获得电力、指令和运动方向。这种海底爬行式潜水器的重量从几吨到几百吨，作业水深范围为10～2000米。主要用于海底挖管沟、埋电缆、推土和挖泥，以及管道检查、海底航路勘测等。

（2）无人无缆潜水器。无人无缆潜水器实际上是一种自动控制观测系统。它具有自备动力及自动推进的能力，能做三维运动，完全脱离了对水面的依赖，具有高度的机动性。目前，国际上在开发无人有缆潜水器的同时，积极推进无人无缆潜水器的开发。例如，法国在1980年建成“逆戟鲸”号无人无缆潜水器，重3吨，作业深度6000米，装有照相摄影机、频闪观测器和回声探测器。它能以2节的速度工作8小时。从表面支援船上通过声学系统控制其速度和航向。现已进行了130次以上的潜水作业，完成了太平洋海底锰结核调查、海底峡谷调查、太平洋和地中海海底电缆事故调查及洋中脊调查等。

据统计，迄今世界上无人遥控潜水器已突破1200艘，其中无人无缆潜水器仅有26艘，绝大部分用于军事和工业。

海洋机器人

神奇而玄妙的大海，有时水光潋滟、旖旎多姿，但转瞬之间也可能浊浪排空，惊涛拍岸，肆虐的大海会严重威胁潜水人员的生命安全。此外，恶劣的海洋环境、复杂的海况也对潜水人员设下了重重险阻。所以人类十分盼望海洋机器人问世，期待着海洋机器人去攻占海底龙宫的每一个角落。现代科学的发展，已经使制造机器人的理想变成了现实。

世界上第一个设有通讯系链、能够独立工作的海底机器人“逆戟鲸”号是美国研制的。它有5台微型处理机，有着装有5000张胶片的自动摄像机，有着非常完善的声呐装置声脉冲发送器、频闪器以及传感器等设施。这架机器人重2.9吨。它不需要海面工作人员“指导”其行动，但是如果遇到障碍物、摄像机失灵或电路中断等情况发生时，它还得与海面联系，因此，这架机器人在水下工作时每隔10秒钟就向工作船报告一次它的行踪及工作状态。这些报告都在工作船的示波器上显示出来，工作船上的人员可随时了解机器人工作的深度、方向、水温及发动机工作状况，必要时，工作船还可以发出控制指令，例如发动机、摄像机和录音机的关闭、镇重块的释放等。

这架机器人虽诞生不久，却立下了赫赫战功。它潜水达130多次，最深处到达海底5300米；曾在几百平方英里的太平洋洋底遨游览胜，拍下了那里的全部海底地形图；它也曾探察过意大利海岸附近的海底火山的概貌；连沉在9000米深处的一只可口可乐罐头盒子都没有逃出它的火眼金睛。

捕鱼机器人

1983年4月，日本研制出一种机器人，成功地用于海上捕捞金枪鱼。这种“机器人渔民”是采用电脑控制的，它能在渔船上胜任渔民所承担的各种繁重工作，如撒网、拉网以及分拣鱼类等。实验证明，它不仅可取代渔民繁重的体力劳动，而且工作效率高，作业时间长，对增加渔业产量极为有利。目前，日本不少渔船，已经使用这种“机器人渔民”进行海上捕鱼。

现在，日本又出现了海洋气象观测机器人。海洋观测机器人系统由海上浮标气象观测站和地面无线电接收中心组成。它能够在环境十分恶劣的大洋上全年实施无人化作业，并及时向地面通报观测和搜集到的气象数据资料。机器人的浮筒部分为钢质，直径达10米。立于浮筒中央的塔杆高出海面7米多，塔杆上装有气象观测器。这种机器人可用测链、钢缆和重达500多千克的铁锚牢牢地系留在水深数十米的海洋上。它的电源由空气湿电池和强碱蓄电池联合提供。这种机器人每3小时自动通报一次观测情

水下机器人的一部分

况。观测的主要项目有风向、风速、气压、气温、日照量、水温（分水深3米、20米、50米三种）、含盐量、流向、流速和波浪等。它先把观测到的气象和海况资料转换为数字，而后通过无线电装置自动播发出去。机器人发出的电波，由设在地面的无线电接收中心接收，然后再输入信息转换系统通报给有关部门。

日本又在继续研制一种根据指令可在海上自行移动的浮游气象观测机器人，以便更加全面地搜集海洋的各种气象和海况资料。

海洋机器人是由海洋深潜器发展而来的。海洋深潜器到目前为止大致经历了5个阶段，其中前4个阶段都是载人的。第五代深潜器是无人深港器，多数是系缆的，少数是无缆的，都由水面工作母船来遥控。第五代深潜器实际上已经进入了海洋机器人阶段。海洋机器人也分为缆控海洋机器大和无组遥控海洋机器人两种类型。至于怎样对海洋机器人更好地进行水下遥控，现在还有许多问题等待人们去研究。

未来的“海中人”

海洋是地球上生命的摇篮。人能否再回到这个摇篮中，像海生物那样直接利用水中的氧气呼吸而生存呢？这个问题虽然在目前还是一种科学幻想，但人们也做了一些尝试性的研究。

最早的动物起源于水中，依靠溶解在水中的氧气而生存。由于反复的地壳变迁，使得一些动物进入陆地生活。有的动物在已经适应陆地生活之后，又被迫重新返回水中生活。还有少数动物发展成既能在

美人鱼

水中生活，又能在陆地上生活的两栖动物。这就使人们设想有朝一日能重新进入海洋生存。

但是，高度进化的人类与海生动物是大不相同的。

许多用肺呼吸的海兽在海中自由出没，一会儿潜入海底，一下子又游出水面，但它们都不会得减压病。例如，鲸鱼有时为了得到一顿美餐，刹那间可潜入2000多米的深处，潜游半个多小时。出生才6个月的小海豹，第一次下海就能潜到80多米的深处。其他各种水生动物，也都有自己独特的潜水技艺，真令人羡慕赞叹！

这些动物深潜的奥妙在哪里呢？

这些动物体内的血液量多，可以储存大量的氧气。例如，一头海豹的储氧量，比一个同体重的人多两倍以上。另一方面，这些动物在深潜时，体内血液再分配的能力很强，这就是说流到皮肤和其他不重要组织器官的血液，因血管自动收缩而明显减少，保证充足的血液流到大脑、心脏和其他重要的器官，使之得到足够的氧气供应。这些动物对氧气的利用能力比人高4倍多，人体对氧气的利用率是15%～20%，这些动物则高达80%以上。此外，这些动物对二氧化碳的耐受能力比人强得多。例如，给海豹呼吸含有10%二氧化碳的气体时，海豹仍能保持正常的呼吸运动。但是，人如果呼吸含有同样高浓度二氧化碳的气体时，却有致命的危险。以上这些特点就使这些动物比人有强得多的潜水本领。

海中人

但是，大多数海生动物与人最大的区别是呼吸器官不同。为什么鱼能在水中呼吸呢？因为鱼在水中吸入氧气和呼出二氧化碳都是通过鱼鳃来进行的，气体交换就发生在鱼鳃的表面。尽管水中的含氧量很少，约占空气中含氧量的1/30，但是当大量的水流经鱼鳃表面时，鱼能够有效地摄取其中的氧气，排出二氧化碳。

因此，科学家们设想研制一种“透过膜”，它能起到鱼鳃的作用。

水能流经它的表面，但不能透过，只允许水中的氧气透过这种膜，同时允许另一侧的二氧化碳也能透过膜而溶解到水中去。如果这个设想成为现实，人们就可以背负小型的“人工鳃”装备去潜水。人们还设想研制大型的“圆桶鳃”，把它罩在水下居住舱的外面，直接利用海水中的氧气，为水下居住的人们服务。

20世纪70年代以来，科学家们对“人工鳃”进行过一些尝试性研究。例如，有人用硅橡胶薄膜制成一种“圆桶鳃”装置，进行金丝鸟和小白鼠的水中饲养试验，金丝鸟到第20天仍活着，小白鼠到第30天还健在。

到目前为止，通过“人工鳃”来实现“海中人”计划，主要还处在设想阶段。人要在水中直接呼吸，还有许多目前看来无法解决的困难。但是，科学是需要一定的幻想、冒险和创造精神的，人类总想使自己能像自由的鱼，像聪明伶俐的海豚，像逗人喜爱的海豹那样，具有高超的潜水技艺，随心所欲地出入那神秘的海底世界。

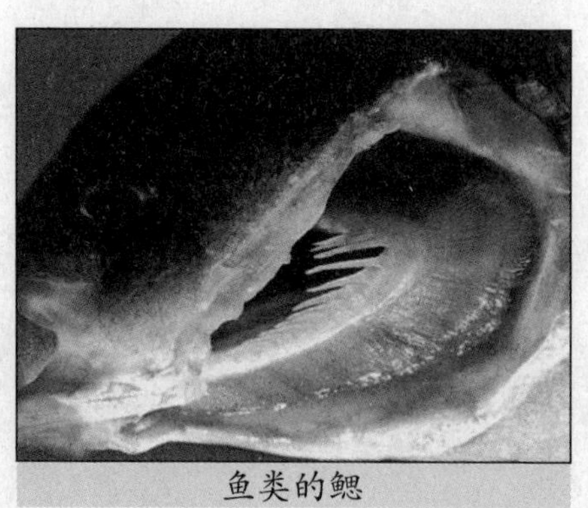
鱼类的鳃

中国第一艘双体丰潜船

中国第一艘双体丰潜船于1985年10月交付使用，这艘船是上海交通大学水下工程研究所设计的，其外形结构吸收了轿车车头、鱼雷体和快艇的优点，高速航行时十分平稳，浪花很小，可以作为游艇、高速交通艇、航政船、港监船以及海洋科学调查船使用。

探索海洋之路是奇妙、艰难而漫长的道路。人们从对海洋一无所知，把海洋看作一面巨大的“水镜”，直到打碎这面“水镜”，揭开海底世界的秘密，付出了辛勤的劳动。海洋蕴藏着神话般的宝贵财富，人类将像几千年来开发陆地一样去开发海洋。海洋对于人类的未来有着极其重大的意义。